化学认知结构的测量

周　青　闫春更　著

科学出版社

北京

内 容 简 介

在中国基础教育质量监测协同创新中心的战略布局下，本书针对目前我国化学教育的发展需求，以方法性和实践性为特色，系统地介绍了测量方法和实证研究结果。全书共九章，其中第一章、第二章为理论部分，主要讲解认知结构的相关概念、理论和测量方法；第三章至第九章为实证研究部分，呈现原子结构和元素周期律、分子结构和化学键、化学反应速率和化学平衡、溶液中的离子平衡、氧化还原反应和电化学、元素及其化合物、有机化学等专题认知结构测查与评价的研究成果。

本书适合高等师范院校化学教育专业的高年级本科生及研究生使用，也可供从事化学教育的教师与教研人员参考。

图书在版编目（CIP）数据

化学认知结构的测量／周青，闫春更著. —北京：科学出版社，2017.8
ISBN 978-7-03-054226-7

Ⅰ.①化⋯　Ⅱ.①周⋯　②闫⋯　Ⅲ.①化学-研究　Ⅳ.①O6

中国版本图书馆 CIP 数据核字（2017）第 206255 号

责任编辑：丁　里／责任校对：何艳萍
责任印制：赵　博／封面设计：迷底书装

科学出版社 出版

北京东黄城根北街 16 号
邮政编码：100717
http://www.sciencep.com

北京凌奇印刷有限责任公司印刷
科学出版社发行　各地新华书店经销

*

2017 年 8 月第 一 版　开本：787 × 1092　1/16
2025 年 1 月第三次印刷　印张：13 1/4
字数：339 000

定价：58.00 元
（如有印装质量问题，我社负责调换）

前　言

奥苏贝尔曾说，"如果我不得不把教育心理学的所有内容简约为一条原理的话，我会说：影响学习的最重要的因素是学生已经知道了什么。"大道至简，奥苏贝尔对于教和学之关系的把握已经逐渐转化为许多教师心中的教育信条。对于"学生知道了什么"的探究和认识将成为学生学习评价的主要问题之一，它内在地影响着教师教的行为与学生学的方式，决定着教育教学的实践效果；不仅如此，对于"学生知道了什么"及其相关问题的合理关照和深刻追问还必然催生教与学研究新范式的萌芽与发展。

如果说纸笔测试是过去教师了解学生"知道了什么"的基本途径，那么，对于学生认知结构的测查和评价则将会成为未来教师探索学生"知道了什么""何以知道""如何知道"的必然方向。长期以来，纸笔测试被认为是评价学习者学业水平高低的核心手段，但其有效性在很大程度上受限于测验试题的编制质量和教师经验的丰富程度，更为关键的是它难以系统、直接地反映学习者头脑中的知识结构和知识建构情况，而要回答这一问题，开展学生认知结构的测查与评价是一种可能的方式。当前科学教育领域对学习者认知结构的有效测查成为学习评价多元化的重要突破口。认知心理学从学习者认知发展的角度提出了学习者构建合理认知结构的意义，认为这是形成学习能力的基本前提，是实现终身学习与全面发展的核心基础。基于对学生认知结构的诊断，教师能更有针对性地组织学习材料、设计教学活动、实施教育测量、完善教育评价，最终促进学生认知结构的良性"生长"，帮助学生实现有意义学习，开发学习的潜能。

当前，关于学生认知结构的测查与评价研究已不在少数，但聚焦具体学科内容领域的认知结构测查与评价研究却较为少见。将教育心理学领域的研究成果应用于学科教学研究，不仅能够为学科教学研究注入新的活力，为学科教学研究共同体提供发现知识的新途径，还有助于彰显实证研究的魅力和优势，为教育研究的科学化发展积累宝贵的素材和支撑。为此，2012 年 3 月教育部、财政部联合颁发了《关于实施高等学校创新能力提升计划的意见》，启动实施"高等学校创新能力提升计划"（简称"2011 计划"）。为了进一步深化我国基础教育改革，由北京师范大学牵头，华东师范大学、华中师范大学、东北师范大学、西南大学、陕西师范大学、中国教育科学研究院、教育部考试中心和科大讯飞信息科技股份有限公司 8 家机构作为核心单位，建立了中国基础教育质量监测协同创新中心。该中心于 2014 年 10 月通过教育部认定，是我国教育学和心理学领域唯一的国家级协同创新中心。为了推动我国基础教育质量水平不断提升，陕西师范大学分中心致力于监测基础教育阶段学生的学业水平，以期促进亿万学生的全面、个性发展。

在中国基础教育质量监测协同创新中心的研究战略布局下，本书所呈现的研究是试图在化学学科内容领域中测查和评价学生关于化学核心概念的认知结构，根据教育学与心理学的理论基础，采用学习评价的新方法——流程图法，对我国高中生学习特定化学主题的认知结构进行测量，以此探查学生对具体学科内容的学习结果，揭示学生认知结构与其纸笔测试成绩之间的关系，探究学生存在的学习困难及其可能的成因，为化学学科教学的实践与研究提供参考。全书共九章，其中第一章、第二章为理论部分，主要讲解认知结构的相关概念、理论和测量方法；第三章至第九章为实证研究部分，呈现原子结构和元素周期律、分子结构和化学键、化学反应速率和化学平衡、溶液中的离子平衡、氧化还原反应和电化学、元素及其化合物、有机化学等专题认知结构测查与评价的研究成果。

因作者学识所限，书中存在疏漏和不足在所难免，诚恳地希望广大读者批评指正！

作　者

2017 年 4 月于西安

目　录

前言

上篇　认知结构的理论与测量方法

下篇　认知结构的测量与应用

上　篇

认知结构的理论与测量方法

第一章 导 论

第一节 认知结构概述

一、认知结构的概念

"认知"(cognition)一词来源于拉丁文"cognoscere"，意为"对……的认知"，即个体获得知识和解决问题的能力和操作，也就是信息加工(information processing)的能力和过程。1967年，Neisser在《认知心理学》(Cognitive Psychology)一书中将"认知"定义为感觉输入的变换、减少、解释、储存、恢复和使用等所有过程。认知是一个复杂的心理过程，包括知觉、记忆、注意、决策、推理等心理活动，所有这些心理能力构成了复杂的心理学系统，其综合起来的功能就是认知。从认知心理学的角度理解，认知是指对主体认识客观事物的过程或对主体认识客观事物的分析，是主体内在心理活动的产物。"结构"(structure)一词来源于拉丁文"stoctura"，意为部分构成整体，既是一种观念形态，又是一种运动形态。结构具有整体性、转换、自动调节等特点。那么，什么是认知结构呢？自认知心理学产生起，认知心理学家对"认知结构"的概念都有不同的解释，在认知心理学发展的过程中，曾出现过众多的术语来描述"认知结构"，如"格式塔""认知模式""认知地图""图式""架构""再现表象系统""知识经验结构""过去经验的组织"等，这些都是它在不同时期的不同名称。

从认知心理学起源到现在，认知结构的理论内涵经历了皮亚杰、布鲁纳、奥苏贝尔等心理学家的传承与发展，其内涵也得到扩展并逐渐成熟。皮亚杰最早提出了认知结构，他认为认知结构是学习者头脑中的知识结构，是学习者全部的观念或者某一知识领域内观念的内容和组织。皮亚杰认为学习意义的获得是学习者在自己原有知识经验的基础上，对新知识的重新认识和编码，即新知识与原有经验或材料的相互作用形成一个内部的知识结构，这一知识结构就是认知结构。他提出认知结构包括图式、同化、顺应和平衡四个要素，而认知结构就是以这四种要素的形式表现出来的。布鲁纳认为认知结构是人关于现实世界的内在的编码系统，是一系列相互关联的、非具体性的类目。他认为构成认知结构的核心就是一套类别及类别编码系统。布鲁纳首次详细界定了认知结构的概念。奥苏贝尔创造性地吸收了皮亚杰和布鲁纳等的观点，提出认知结构就是个体头脑中的知识结构。他认为认知结构有广义和狭义之分，广义上讲是学习者观念的全部内容和组织；狭义上讲是学习者在某一特殊知识领域的观念的内容和组织。建构主义学派则发展了皮亚杰的理论，认为认知结构是同化和顺应的双重建构过程，认知结构的形成需要发生多次的同化和顺应，没有认知结构的建构就没有知识的发展。建构主义提出，认知结构是主体凭借外部活动逐步建构起来并不断完善的知识组织体，是知识形成的心理结构，也是知识发展过程中新知识形成的机制。此外，建构主义强调个体在认知结构建构中的主观能动性。在此基础上，一些学者提出认知结构就是学习者头脑中的知识结构，是知识结构内化在学习者头脑中所形成的观念的内容和组织，这个内化过程主要是由学习者主体决定的，是别人无法替代的。由于不同个体原有知识和信息处理模式不同，个体所形成的认知结构具有个体差异性。认知结构是学习的起点，也是学习的最终目标。研究学习者认知结构可以帮助教师了解学生在学习过程中的心理变化过程及其规律，及时了解学生的学习情况，促进学生有意义学习，发展和研究学生的认知结构对教师的教学和学生的学习都有非常重要的作用。

综观认知结构相关研究历史发现，人们对于认知结构的认识伴随着人们对学习的理解和认识的不断深化。一方面，不同学者从不同角度对认知结构作出多种解释和说明，虽尚无完全统一的认识，但已存在一些基本共识：①认知结构影响新信息的理解、整合，影响解决特定领域问题的能力形成过程；②认知结构与学习材料的知识结构存在重要联系；③认知结构主要涉及概念及概念间的多重联系，并具有网络化特征。另一方面，认知结构自其成为一种构想之初就一直伴随着人们对其如何测量的探索，其内涵的界定往往与对其进行测量和表征的目的息息相关。

二、认知结构的类型与特征

简单来说，认知结构就是学生头脑中的知识结构，即知识结构通过内化在学生头脑中所形成的观念的内容和组织。根据认知结构的产生与发展状态不同，可以把学生具有的认知结构分为三种形式：一般认知结构、原始认知结构和良好认知结构。

(一) 一般认知结构

根据皮亚杰关于结构具有整体性、转化性和特异性的学说，学生具有的一般认知结构也有这三个特点。

(1) 整体性：是指在认知结构中各成分之间呈现有机性联系，而不是各独立成分的混合。这种整体性在学习活动中表现为新的知识与原有知识不断沟通、同化，形成具有一定整体性和相对独立性的"知识块"。在这种"知识块"中，各知识点的联系与组织方式呈交错型网状结构，占据网的"节点"的是基本事实、基本概念和原理。这种"知识块"能充分揭示知识的内在联系，是学生形成系统化、整体化的认知结构的基石。

(2) 转化性：是指认知结构不是静止的，而是处于不断的发展变化之中。随着时间的推移，学生认知结构总是处于不断的运动和变化之中，新旧知识结构不断交替转换。当新的知识与学习者原有认知结构发生作用时，通过同化或顺应，原有认知结构得以扩展、改组或重建，从而使原有认知结构向新的更加完善的认知结构不断转化。一般来说，随着学习者学龄的增加，以及学习内容的不断丰富与深化，学习者的认知结构不断地由原有认知结构向新的认知结构转换。

(3) 特异性：是指认知结构存在个体差异性。由于每个学生的认知方式存在着差异，对同一事物的认知不可能完全相同，这就表现出学生认知结构的多样性或特异性。一般来说，根据学生思维方式的倾向性，可以把学生的认知结构分为两大类：表征性认知结构和功能性认知结构。表征性认知结构占优势的人擅长抓住事物的关系进行思考，喜爱对事物的特征进行判断，功能性认知结构占优势的人则注重行动次序与事物作用的原理。这两种不同的认知结构在不同的个体上占有不同的优势，从而形成不同的认知结构，表现出认知结构的个体差异性。

(二) 原始认知结构

20 世纪 70 年代以来，西方国家一些从事科学教学研究的学者先后对学生的前科学知识进行了大量调查研究，取得了丰富的第一手资料和研究成果。这些研究成果表明，早在学生正式学习科学课程以前，他们就通过对日常生活中一些现象的观察和体验，在头脑中反复构建形成一些非科学的概念和儿童阶段特有的思维方式。例如，把植物的地下部分都称为根，把茎一概视为地上部分，把复叶的小叶当成叶，把植物学上的花冠部分称为花，把肉质可食的果皮称为果实，等等。一般将学生在学习科学课程以前形成的有关概念称为"前概念"，而把学生围绕"前概念"建立起来的特有的认知结构称为"原认知结构"或"原始认知结构"。

一般来说，学生通过前概念学习建立的这种原始认知结构具有如下特征。

(1) 自发性。学生头脑中的原始认知结构是自发形成的。过去，教师在教学中常误认为学生学习知识之前头脑如同一张"白纸"，教师可以在上面任意涂画，但事实并非如此。学生在多年的生活实践中，通过个体与环境的接触，逐步形成了对各种现象和规律的独特看法，并逐步内化为自己的思维模式和行为规则。

(2) 特异性。由于每个学生的生活环境、活动范围、认知方式等的差异，对同一事物的认识、感受也不完全相同，这就表现出学生原始认知结构的多样性或特异性。例如，一些初中学生在解释"为什么根有向地性"时，他们回答："是地球的吸引力作用的结果"，"根要吸收土壤深层的水和无机盐"，"根要扎得更牢些"，等等。

(3) 表象性。由于儿童认知事物的能力有限及认知过程的自发性，他们的前概念往往比较肤浅、直观，一般还停留在表象的概括水平上，不能脱离具体表象而形成抽象的概念，自然也无法摆脱局部事物的片面性而把握事物的本质。例如，学生对遗传的认识只能停留在"龙生龙，凤生凤，老鼠生子会打洞"，"种瓜得瓜，种豆得豆"等表象概括水平上。但是，这种前概念无疑又是学生自己的精神财富，因为这些前概念是儿童在现实生活中认识特殊事物的一种有价值的工具。因此，不应把建立在前概念基础上的原始认知结构看成一种思维垃圾加以排斥，而应该把它们作为学生认识事物必可不少的一个阶段，作为一种低级的认知结构，并有待于向高级的、科学的认知结构转换。

(4) 迁移性。学生的前概念含有自己对自然界的先入为主的印象，又是自己"切身体验"到的东西，同时，儿童又要凭借这种原始认知结构来认识世界，并也能成功地解释某些特殊现象。因此，学生往往对自己的这些前概念深信不疑，并试图将这些原始认知结构迁移到对新环境、新现象的解释中。因而，这种原始认知结构有很强的顽强性，不可能通过教学将科学概念硬性灌输给学生，就能一劳永逸地形成新的认知结构。

(三) 良好认知结构

学科学习的主要目的就是形成良好的学科认知结构，从而发展学生的学科能力。而学生能否形成良好的学科认知结构，取决于学生原有的认知结构中是否具有清晰的(可辨别的)、可用于同化新知识的观念(固定点)以及这些观念的稳定情况。根据认知心理学家奥苏贝尔的研究，良好的学科认知结构应有如下三个特点。

(1) 可利用性。当学习者学习新的知识时，他原有的认知结构中具有同化新的知识的固定点。

(2) 可辨别性。当原有的认知结构同化新知识时，新旧知识的异同点可以被清晰辨别。

(3) 稳定性。认知结构中的原有观念是相对稳定的。

作者把认知结构用流程图进行表征，从广度、丰富度、整合度、错误描述和信息检索率五个方面进行定量分析，多次实验研究证明良好认知结构一般具备如下特征：①广度大，即被试认知结构中知识点的数目较多；②丰富度大，即被试认知结构联系比较密切；③整合度好，即知识之间协调性和整合性较强；④错误描述少或基本没有；⑤信息检索率高，即被试能在短时间内检索到较多知识内容。

三、影响认知结构形成的因素

认知结构的构建，从静态因素来看，它是知识在头脑中的储存形式；从动态因素来看，则是学习者加工、同化、处理新知识的一个连续的系统(或称体系)化学认知结构，并不等同于教材中的"化学知识结构"，也不等同于教师"讲授的逻辑体系"，而是学生已有的知识经验(自然不仅仅是所学学科领域的经验)与智力活动相融合的结果，这里讲的"智力活动"是指学习者的智力因素(注意力、记忆力、思维力等)与非智力因素(兴趣、动机、情感、意志等)协同运作的过程。研究表明，认知结构的构建受以下三个重要因素的影响：知识的类型、知识的表征与知识的组织。

(一) 知识的类型

当前关于对知识的认识，有的仅局限在陈述性知识方面，即个人关于世界"是什么"的知识。现代认知心理学所倡导的一种广义知识观，把知识、技能和策略都统一在同一个"知识"概念范畴内。美国心理学家梅耶提出了一种广义的知识观，知识的类型广义上可以分为三类：陈述性知识、程序性知识和策略性知识。陈述性知识是指关于自然和社会的事实性知识，用于回答"是什么"的问题；程序性知识是指在一定条件下可以使用的一系列操作步骤或算法，其核心成分是概念和规则的运用，是回答"怎么办"的问题；策略性知识是指如何学习和思维的知识。各类知识的特征不同，在构建认知结构时内化的层次和力度也不同。在传统教学中，一般比较重视陈述性知识和程序性知识，而策略性知识往往被忽视或者重视不够，从而导致学生的认知结构在知识类型方面存在缺陷，造成了认知结构的不完备。对于具体的化学教学，教师应该把陈述性知识、程序性知识和策略性知识有机地协调起来，努力使学生构建完整的化学知识体系。

(二) 知识的表征

表征是指知识或信息以什么样的形式储存在学生的头脑中，即知识或信息在头脑中是如何表示的。在学生学习过程中，输入的知识信息并不是在学习者的头脑中直接表示出来的，而是转化成了有意义的符号。例如，学习者感知到了金属钠的外观，这些刺激在头脑中并非以所看到的外观的原始形式直接呈现出来，而是转化成神经能，神经能又通过加工，从而形成关于钠的内容和组织，也即图式。学习者理解这些图式，并且使之与其他图式的信息相结合，就为他提供了解答相关问题的根据，这一过程就是表征。可见，表征是指思想、事件、事物等在头脑中的获得、储存、转化、形成图式并付之运用的过程。

表征涉及信息在内部加工的整个过程，如果加以概括，则主要涉及两个因素：知识的结构和知识的转化。任何一种认知活动，必须包括这两个因素的协同作用。这种协同作用有点像蜜蜂的蜂房结构和蜂房内部的操作进程。蜂房的结构是由蜜蜂修建的，而且大小、形状、位置、容量等方面是相对稳定或不变的。但是，蜜蜂的活动，如采集、运输和储存等却在不断地发生着变化。相对于蜂房结构而言，房内的转化更加活跃。研究学习者的表征系统，既要研究学习者的知识结构，又要研究学习者的知识转化，而且后者的研究内容更为丰富。然而，需要指出的是，结构和转化是互为因果关系的。结构在转化时形成，而转化又受结构的制约，因为结构和转化是一起运作的。

同一知识可以用不同的方式来表征，即可以用许多不同的编码形式，如形象码、语义码、运动码等来表征。学生在学习各种化学概念和原理时，总要以各种具体的事实性知识、言语、运动编码为依托。在化学教学中，教师应重视运用实验、模型和实物，使学生在抽象知识和具体表象之间建立正确的有效联系，形成对化学知识的多重编码。从知识表征对认知结构的影响来说，知识表征是指知识或信息在头脑中是如何表示的。由于大脑是以类型和关联的方式储存信息，故需要将知识或信息分类，同时要借助联想，梳理有关认识，或者画脑图(类似于画知识关系图，只是增添有关形象的图形，以利于唤起记忆)。自然，也可以按自己熟悉的、有效的学习方法来进行联想记忆，或借助联想回忆已学过的知识。例如，从物质的结构、性质、用途之间的互相关系去联想，从类别去联想，从特征去联想，从实验现象去联想，从衍生关系去联想，以及从相似或相反的问题去联想等。

知识的表征直接影响学生对于知识的检索、提取和运用。如果学生化学认知结构中的知识表征多维而有序，这种知识就可灵活运用于不同的情景；如果学生的知识表征不恰当，将会使知识"僵化"而难以迅速提取和运用。注入式教学、死记硬背是造成知识表征不当的重要因素。联想记忆的方法是与死记硬背相对立的，靠死记硬背储存的知识或信息不能有效地建立脑皮质间的神经联系，难以形成记忆网络，不容易长期保持，也就不容易再现。

(三) 知识的组织

认知心理学家十分重视长时记忆中知识的组织。只有组织有序的知识才能在一定的刺激下被激活，需要时会成功地被提取或检索。如果学生头脑中的化学知识结构系统性良好、层次分明，那么在利用已有的知识解决问题时，就能够考虑多条思路，某一条路径行不通，就会寻找第二条、第三条，从而使知识能够迅速、准确地被提取出来；如果知识组织得杂乱无章，学生解决问题时往往只会思考一条途径，行不通就会无计可施。因此，学生化学认知结构中知识的组织决定着思维的灵活性和变通性。

知识组织对认知结构的影响也是学习心理学研究的　个"热点"问题。"知识组织"，即"图式"。图式学说往往借助人们熟悉的图形来揭示人在认识客观事物时主观上所具有的认知结构。对于同一主题，从历史演变的角度概括，可以形成"历史图式"；专家学者对于这个主题，可以概括出学术性高的"专家图式"；而不同学段的学生，则会形成各有特色、不够完备的"学习者图式"。随着图式的不断改变和复杂化，学生智力的发展就达到新的水平。例如，学生在初中阶段选学了"元素周期表简介"以后，只可能概略地了解到，已经发现的 112 种元素之间是有内在联系的，也知道门捷列夫发现了元素周期律，但在头脑中还未形成一种可供检索、提取、利用的图式。或者说，仅仅有个元素周期表的印象，至于怎样运用这张表，还没有可操作的思路。进入高中阶段，随着高中一、二年级知识逐步深入的学习，尤其是到高中三年级经过定向选修和系统复习以后，元素周期律和元素周期表作为认识元素的性质及其变化规律的导引性图式，就有条件在头脑中形成了。基于元素周期表，将元素周期律的内涵融入这一图表之中，就可以更清楚地揭示元素的宏观性质与微观结构之间的关系；

就可以以简驭繁、举一反三，大体推知尚未学习过的大多数元素的性质。在这里，形成图式时，掌握元素周期表的结构以及周期和族的概念；熟记 1～36 号元素在周期表中的位置和它们的族序数；掌握同周期、同族元素性质的递变规律，并能推断主族元素的性质；会用原子结构理论解释元素性质所呈现的递变规律的本质原因等知识，这些均属于形成元素周期律和元素周期表认知图式的主要要素。

第二节　认知结构的教育学基础

一、皮亚杰的认知图式理论

当代著名的瑞士心理学家皮亚杰从认知发生和发展的角度对认知过程进行了系统、深入的研究。他提出了认知图式理论，图式即认知结构或心理结构，是个体认识事物的基础，是认知结构的起点，同样也是认知结构的核心。图式的形成与变化是认知发展的结果，受同化、顺应和平衡这三个基本过程的影响。

图式是个体对未知世界的知觉、理解以及思考的方式，是个体认知心理活动的组织结构或框架。皮亚杰认为，心理完全像身体一样，必须具有结构，人接受任何刺激作用并做出相对稳定的反应时，在人脑中就形成了关于该刺激物的图式(或模式)，这种图式就是认知结构或心理结构。对学生而言，学习的知识越多，图式就越多，然后经过分类、整理，形成较大、较复杂的图式组织(或认知结构)。

同化是把新的刺激物纳入原有的图式中，这是一个新的认识过程。经过同化后扩大了图式范围，或说扩大了概念的外延，但内涵没有改变，只是发生了量的扩大，即同化使图式发生了量变。

顺应是新图式的创建或旧图式的修改。如果新的刺激物不能与原有图式同化，或者说在原有图式中找不到同类的图式，学习者就要对旧图式进行修改或重新创建新图式，来吸纳新的刺激物。顺应使图式发生了质变。

为了形成概括性的图式，在同化与顺应之间的均衡是必要的，皮亚杰把这种均衡称为平衡。学生在接受新的刺激物时，就产生了认知上的不平衡，从而就有寻求平衡的动机，即进一步同化或顺应。当完成一个同化或顺应时就达到了一个暂时的平衡。同化和顺应过程都是学生寻求与环境之间的均衡和适应过程，所以平衡总是伴随着同化和顺应过程，使学生与环境之间的状态从"平衡—不平衡—平衡"不断变化，认知水平不断向前发展。

二、奥苏贝尔的认知同化理论

认知同化理论是美国教育心理学家奥苏贝尔对"什么是最佳学习方式"进行的一系列有益的探索而提出的。

奥苏贝尔把学习分为机械学习和意义学习。他认为意义学习的实质是将符号所代表的新知识与学习者原有认知结构中的适当观念建立非人为的、实质性的联系；并认为意义学习是学习的最佳方式，而同化是意义学习的心理机制，理解是意义学习的先决条件，先备知识是影响学习的最重要因素。

学习迁移的发生需要通过认知结构这个媒介，并不是先前的知识经验直接与新知识的"刺激—反应"，而是取决于学习者原有认知结构的可利用性、辨别性和稳定性的程度。最佳的学习结果就是形成良好的认知结构，而良好的认知结构具有可利用性、可辨别性及稳定性的特征。奥苏贝尔利用意义学习概念对传统的接受学习进行了深入分析与革新，认为接受学习不一定是无意义的机械学习，当接受学习使得新知识与原有知识发生同化时，接受学习也可以成为一种意义学习，学校主要应采用意义接受学习，尤其是意义言语接受学习。

奥苏贝尔的意义学习分为表征学习、概念学习、命题学习和发现学习，概念学习和命题学习是课程教学中的主要教学形式。

三、布鲁纳的认知结构理论

美国现代著名认知心理学家布鲁纳认为，认知结构是个体过去对外界事物进行感知、概括的一般方式或经验所组成的观念结构。学生原有认知结构是新知识学习的重要前提条件。一切知识都是按编码系统排列和组织起来的。

布鲁纳在解释学生的认知过程时，首先提出了他的知觉归类理论，即关于知觉研究的新看法：观察者在知觉客体的物理特征时，会受个体自身的因素影响。不同的人对同一事物的知觉有很大差异。布鲁纳的知觉理论着重强调了三点：①知觉具有选择性，受个体自身因素影响；②知觉过程也就是对客体加以归类的过程；③个体的期待与需要决定类别的可接受性。

根据对于知觉归类的分析，布鲁纳推出他的认知学习观理论的中心——超越所给信息。他认为，学习就是类目及其编码系统的形成，知识具有一种层次的结构，它可以通过一个所发展的编码体系或结构体系表现出来，而学生学习就是为了掌握知识的这种结构。

布鲁纳把编码系统解释为"一套偶然有联系的，非特定的类别"，它是从可以观察得到的先前的和随之发生的事件的性质中推论出来，并且可以经常发生变化和改组。编码系统的主要特征在于它的层次性，即按照具体性程度的高低分层排列。处于系统最顶端的类别最一般，概括性最强。正是个体的这种编码系统的存在，以及编码系统的非具体性的存在，使得"超越所给信息"成为可能。

在布鲁纳看来，人类智慧发展是按动作、映像、符号三种表征系统的顺序前进的。教学要帮助学生智慧与认知的发展。发现学习就是适应这种需要的一种教学方法。布鲁纳认为，学生是主动的、积极的知识探究者，教师让学生亲自动手尝试，发现学习的过程极为重要，让学生通过直觉思维形成丰富的想象，能够发展个体的肖像表征。学习的主要目的是要学生参与建立该学科的知识体系的过程，发现学习能够增强学生学习的内部动机，强化学生对学得知识的记忆。由以上所述，布鲁纳提倡发现学习，认为发现学习是一种最佳的学习方式。

第三节 认知结构的心理学基础

一、视觉表征理论

长期以来，心理学研究的一个主要课题是学习。自从心理学诞生以来，心理学家对学习的研究就从未间断过。特别是进入20世纪，随着认知科学、语言学等新兴学科的迅速发展，关于学习的研究也进入了一个新的层次。有关图式的研究就是其中一个方面。

空间语义表征也可以称为概念图，概念图逐渐发展成为呈现知识信息和知识结构的一种替代形式，它既可以作为有效的学习策略，同时也是很好的测评工具，因此其在教育情境中的使用越来越普及。概念图可以揭示出人在某一知识领域的宏观结构。不仅如此，概念图可以降低学生的认知符合，使学生在头脑中建立起一个完善的知识框架，新旧知识可以有效地进行整合。概念图就是一种图式引导，制作概念图可以促进学生对知识产生迁移。

二、知识的建构模型

知识表征是指人脑对知识的存储和组织形式。认知心理学家利用认知模型来实现个体内部知识的表征。符号—网络模型借助数学与计算机程序，模拟和研究知识的组织与呈现方式。符号—网络模型能够清晰地展示个体头脑内部知识成分之间的联系组织方式及相互作用。流程图是个体头脑中知识结构的一种外显表征形式。

三、层次语义网络模型

层次语义网络模型认为语义知识(或称陈述性知识)可以表征为一种由相互联结的名词概念组成的网络，每个概念都具有两种关系：第一，每个概念都具有从属其上一级概念的特征，这决定了知识表征的层次性，从属概念在模型中是用"是一种"来表示的；第二，每个概念都具有一个或多个特征，表示概念所"具有的"关系。层次语义网络模型是按照认知经济性原则进行知识组织的，概念的共同特征或普遍属性都存储在该网络模型的最高层级上，而那些区别于其他事物的具体特征才存储在低层级的低水平上，这样能减轻人的认知负荷。

层次语义网络模型简洁明了，但也存在一些问题，如涉及的概念之间联系种类太少，而实际上概念间的关系不仅只具有垂直的上下层级关系，还有许多横向联系；并且，该模型在节约了存储认知空间的同时却增加了检索与提取信息的时间，而对于人来说，长时记忆存储信息的容量是巨大的，更为重要的是提取正确信息的速度；但层次语义网络模型存在的欠缺主要表现在该模型是从逻辑上而不是从心理意义上来解释人类知识的组织与表征。

层次语义网络模型的研究引起了认知心理学对知识表征的大量研究，尤其是对陈述性知识的表征研究产生了很大影响，并在某种程度上反映了人类知识系统的结构状态，它的一些不足在后来发展的模型中得到克服。

四、双重编码理论

认知心理学的众多相关研究表明，个体的长时记忆中存在着两种编码系统，分别为语义编码系统和表象编码系统。在个体的学习和记忆活动中，两种编码系统都非常重要。在特定环境的刺激下，两种系统都会对刺激信息进行加工处理，会在一定程度上增加个体长时记忆中知识与经验存储的数量和质量。流程图作为一种图形式知识呈现工具，其本身也具有一个图形结构，概念间的联系表征是对知识的语义编码。

五、激活—扩散模型

为克服层次语义网络模型的主要欠缺，认知心理学家修正并发展出了一种概念知识的模型，该模型认为个体内部的知识并不是按层次组织的，而是根据语义关系或语义之间的距离来组织和表征的，这种模型称为激活—扩散模型。它与层次语义网络模型的主要不同是：激活—扩散模型中的知识网络连接的是概念以及概念之间的关系，而层次语义网络模型中的知识网络连接的是孤立的词汇。

激活—扩散模型有两个有关知识结构的假设。第一，连接节点的线段表示了概念之间的联系，连线越短，说明两个概念之间的关系越紧密，它们越具有共同的特征；第二，语义距离是知识组织的基本原则，即一个概念的内涵是由它相联系的其他概念特别是联系紧密的概念来确定的，而概念的特征并不是分层级存储的。

认知心理学家通过大量实验研究表明，激活—扩散模型比层次语义网络模型更能说明人类知识的存储、组织和表征。他们认为，在层次语义网络模型中许多词汇语义的存储与组织依赖于语义之间的相关或相似特征，具有层级性，而激活—扩散模型除了说明人脑中所存储的是概念的同时，也指出了不同概念之间的语义联系以及它们之间的紧密程度、连接程度以及它们会引起激活并扩散到其他相关概念的过程，更适合于解释人脑中所存储与组织的知识，更具灵活性、弹性及包容性，因此它备受认知心理学家重视，并深刻影响着以后认知结构评量技术的发展。

第二章 认知结构测量的方法

第一节 词语联想法

一、词语联想法简介

词语联想法是指调查者给出某学科中某一知识领域的一些重要概念，这些重要的概念称为"关键词"，每个概念限定一定的时间(30s)，让被调查者写出由此联想到的所有词语。30s是最适宜的时间范围，已经被许多的研究者广泛使用。词语联想法具体可以分为以下三种。

(1) 自由联想法：自由联想法是不限制联想性质和范围的方法，回答者可充分发挥其想象力。例如"乙醇"，回答者可能回答：有机溶剂、酒精、酒驾、C_2H_5OH、消毒剂、催化氧化、酯化反应、易燃、与水任意比例互溶、无色液体等。

(2) 控制联想法：控制联想法是把联想控制在一定范围内的方法。例如"乙醇的化学性质"，回答者可能回答：酸性、还原性、酯化反应、消去反应等。

(3) 引导联想法：引导联想法是在提出刺激词语的同时也提供相关联想词语的一种方法。例如，请就所给的词语按提示写出(或说出)所引发的相关联想。乙醇，联想提示：消毒、燃料、饮料等。可以看到引导联想法的提示是带有导向性的。

二、词语联想法的测量步骤

(一) 认知结构的外显

认知结构一般指学生头脑中的知识结构，它是一个内在的巨大网络系统。测量认知结构的关键在于运用一定的方法引出被试的认知结构，其次运用特征定性或定量地分析被试的认知结构。在教育研究开始之前，研究者需制订完整的研究计划和相关的词语联想测试，并根据研究目的合理选择被试进行施测。在词语联想法中，将认知结构外显的具体步骤如下：

(1) 研究者或专家选定测试主题，并提供核心概念。

(2) 被试在规定时间内写出与之相关的概念。

(3) 研究者统计联想到的概念和频次。

(4) 根据联想得到的概念及频数绘制认知结构图。

(二) 认知结构分析

研究表明有多种方法可以计算词语联想法的得分，其中一个重要的方法是相关系数法，它是由 Garskof 和 Houston 提出的。这种方法可以说明每个概念与其他概念的相关程度。通过测得每个个体的关键词之间的相关系数，求出全体样本针对每一个关键词的相关系数(RC)的平均值。个体对于某一知识领域的认知结构网络图应从最大的 RC 值开始画起，依次按照顺序逐一画出完整的结构图,粗线代表两个关键词间最强的联系,细线则表示较弱的联系。其次,可以用频数来代替 RC 值从而寻找关键词之间的关系。用这种方法时,需要找出个体是如何将所给的关键词联系起来的,并且进行联想,通过每一个关键词所联想的词语的频数便可以画出完整的认知结构网络图。同样,从最高的频数区间开始作图。这种方法可以展现出个体头脑中所能联想到词语的丰富程度。

三、认知结构测量实例

以"化学教师学科认知结构发展水平现状研究"为例进行分析。

(一) 相关系数法分析

表 2-1 是教学之前实验班学生对十个关键词进行联想时,分析得到的每两个关键词之间的相关系数分数,然后对每对关键词进行平均分统计得到的实验班前测"电解"词语联想法相关系数平均分表。表 2-2 是实验班学生经过实验教学即学习美国高中主流化学教材《化学:概念与应用》电化学部分教学之后的每两个关键词之间的相关系数分数,然后对每对关键词进行平均分统计得到的实验班后测"电解"词语联想法相关系数平均分表。

表 2-1 实验班前测"电解"词语联想法相关系数平均分

关键词	阴极	电镀	还原反应	氯碱工业	氧化反应	金属防护	放电顺序	阳极	电极反应
电解池	0.100	0.038	0.016	0.003	0.017	0.000	0.024	0.051	0.127
阴极		0.021	0.021	0.008	0.006	0.000	0.039	0.311	0.071
电镀			0.025	0.000	0.014	0.124	0.013	0.011	0.027
还原反应				0.013	0.279	0.000	0.000	0.002	0.063
氯碱工业					0.009	0.000	0.000	0.007	0.000
氧化反应						0.000	0.003	0.043	0.057
金属防护							0.010	0.000	0.000
放电顺序								0.044	0.050
阳极									0.082

表 2-2 实验班后测"电解"词语联想法相关系数平均分

关键词	阴极	电镀	还原反应	氯碱工业	氧化反应	金属防护	放电顺序	阳极	电极反应
电解池	0.299	0.142	0.203	0.163	0.209	0.058	0.056	0.333	0.217
阴极		0.166	0.570	0.040	0.125	0.050	0.045	0.258	0.237
电镀			0.121	0.045	0.106	0.379	0.046	0.150	0.098
还原反应				0.029	0.103	0.047	0.033	0.090	0.186
氯碱工业					0.038	0.017	0.039	0.049	0.034

续表

关键词	阴极	电镀	还原反应	氯碱工业	氧化反应	金属防护	放电顺序	阳极	电极反应
氧化反应						0.044	0.051	0.594	0.220
金属防护							0.009	0.040	0.040
放电顺序								0.057	0.044
阳极									0.230

从表 2-1 中可以看出，最大 RC 值为 0.311，最小 RC 值为 0.000。由此得出，联系最紧密的一对概念为阳极—阴极，联系最弱的几对概念为氯碱工业—电镀、金属防护—电解池、金属防护—阴极、金属防护—还原反应、金属防护—氯碱工业、金属防护—氧化反应、放电顺序—还原反应、放电顺序—氯碱工业、阳极—金属防护、电极反应—氯碱工业、电极反应—金属防护。从表 2-2 中可以看出，最大 RC 值为 0.594，最小 RC 值为 0.009。由此得出，联系最紧密的一对概念为阳极—氧化反应，联系最弱的一对概念为放电顺序—金属防护。图 2-1 是采用实验班前后测的相关系数平均分绘制的认知结构图，考虑通过分界点图式法，两个样本关于"电解池"的认知结构图由其平均 RC 值表示出来。综合考虑两样本中关键词 RC 值的分数，将其分界点定为 0.250、0.200、0.150、0.100。

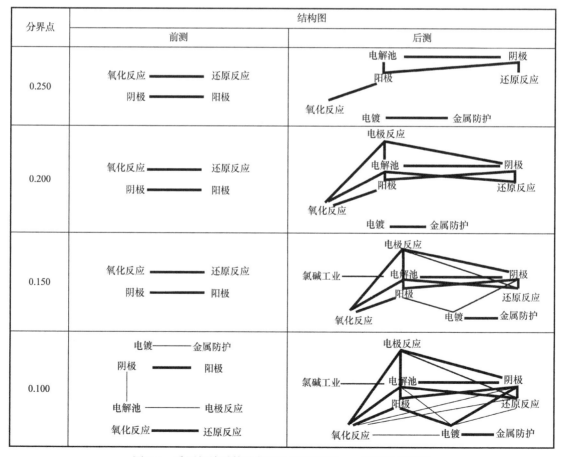

图 2-1　采用相关系数绘制的认知结构图——实验班前后测

将对照班前后测关于"电解"部分知识的词语联想数据进行相关系数法分析，并将前后测数据的总体平均分做出两张表(表 2-3 和表 2-4)。

表 2-3　对照班前测"电解"词语联想法相关系数平均分

关键词	阴极	电镀	还原反应	氯碱工业	氧化反应	金属防护	放电顺序	阳极	电极反应
电解池	0.108	0.072	0.012	0.017	0.012	0.000	0.023	0.089	0.061
阴极		0.035	0.046	0.000	0.061	0.000	0.046	0.396	0.150
电镀			0.000	0.008	0.013	0.143	0.011	0.054	0.006
还原反应				0.000	0.254	0.006	0.010	0.109	0.057
氯碱工业					0.000	0.000	0.000	0.000	0.016
氧化反应						0.024	0.011	0.045	0.050
金属防护							0.000	0.003	0.000
放电顺序								0.048	0.037
阳极									0.075

表 2-4　对照班后测"电解"词语联想法相关系数平均分

关键词	阴极	电镀	还原反应	氯碱工业	氧化反应	金属防护	放电顺序	阳极	电极反应
电解池	0.287	0.160	0.116	0.058	0.121	0.058	0.017	0.276	0.151
阴极		0.096	0.233	0.033	0.092	0.045	0.032	0.332	0.158
电镀			0.041	0.043	0.036	0.182	0.008	0.083	0.038
还原反应				0.033	0.212	0.010	0.015	0.088	0.109
氯碱工业					0.040	0.027	0.009	0.030	0.009
氧化反应						0.034	0.045	0.196	0.129
金属防护							0.013	0.032	0.037
放电顺序								0.034	0.026
阳极									0.148

表 2-3 是教学之前对照班学生对十个关键词进行联想时，每两个关键词之间的相关系数分数，然后对每对关键词进行平均分统计得到的对照班前测"电解"词语联想法相关系数平均分表。表 2-4 是对照班学生经过普通教学之后的每两个关键词之间的相关系数分数，然后对每对关键词进行平均分统计得到的对照班后测"电解"词语联想法相关系数平均分表。

从表 2-3 中可以看出，在对照班前测的相关系数数据中，最大 RC 值为 0.396，最小 RC 值为 0.000。由此得出，联系最紧密的两个概念为阳极—阴极，联系最弱的几对概念为还原反应—电镀、氯碱工业—阴极、氯碱工业—还原反应、氧化反应—氯碱工业、金属防护—电解池、金属防护—阴极、金属防护—氯碱工业、放电顺序—氯碱工业、放电顺序—金属防护、阳极—氯碱工业、阳极—金属防护。从表2-4中可以看出，"孤岛"(单元格里每个独立的联系称为"岛"，单元格指的是表格中用直线划分出的每格)中最大RC值为0.332，最小RC值为0.009。由此得出，联系最紧密的一对概念为阳极—阴极，联系最弱的一对概念为电极反应—氯碱工业。

通过分界点图式法，两个样本关于"电解"的认知结构图由其平均RC值表示出来。综合考虑两个样本中关键词RC值的分数，将其分界点定为0.250、0.200、0.150、0.100。两个关键词之间线的粗细程度代表其联系紧密程度，粗线代表两个关键词间有很强的联系，细线则表示两个关键词间联系较弱。图2-2是通过全部被测学生电解关键词相关系数数据分析制得的认知结构图。

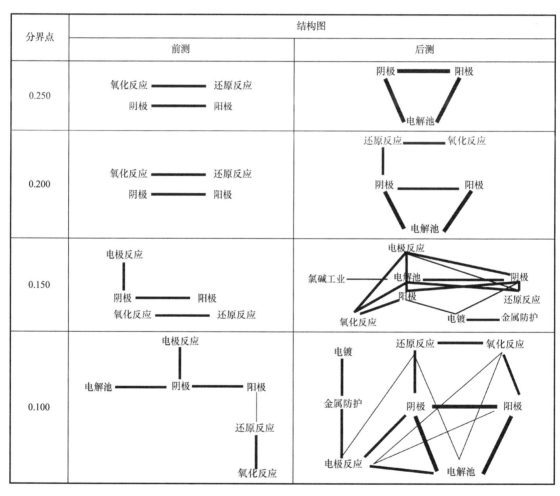

图2-2　采用相关系数绘制的认知结构图——对照班前后测

(二) 辐射图分析

将全体被试对所给出十个关键词的联想词语的联想次数进行了统计分析，统计次数称为频数，并选取联想次数较多的词语画出联想辐射图。最粗线表示该词语联想的次数在30次以上，即频数最大，较粗线表示该词语联想的次数在 20 次以上，最细的线段表示联想的频数最小，在 10 次以上。

从表 2-5 中可以看出，当学生对"原电池"进行联想时，"正极、负极"联想的频数最大，联想次数为 20～30；对"电极"进行联想时，联想频数最大的还是"正极、负极"，联想次数在最高的分界线即 30～40；对"外电路"进行联想时，联想频数最大的是"导线"，但是次数却为 10～20；对"盐桥"进行联想时，联想的频数在 10 次以下，故不在表中显示；对"化学电源"进行联想时，"原电池、正极、负极"联想的频数最大，次数为 10～20；对"还原剂"进行联想时，对"氧化反应、失电子"联想的频数最大，次数为 20～30；对"电极反应"进行联想时，联想的频数最大的均为 10～20，联想词很多，包括"阴极、阳极、氧化反应、还原反应、得电子、失电子、正极、负极"；对"氧化剂"进行联想时，联想频数最高的是"化合价降低、还原反应、得电子、失电子"，联想次数为 20～30；对"内电路"进行联想时，"外电路"联想的次数为 10～20，频数最大；对"燃料电池"进行联想时，"燃料"联想的次数为 20～30，频数最大。

表 2-5 实验班前测"原电池"联想词语频数统计表

关键词 频数	原电池	电极	外电路	盐桥	化学电源	还原剂	电极反应	氧化剂	内电路	燃料电池
$40 \geq f \geq 30$		正极、负极								
$30 \geq f \geq 20$	正极、负极					氧化反应、失电子		化合价降低、还原反应、得电子、失电子		燃料
$20 \geq f \geq 10$	电解质、电池、化学能转为电能	阳极、阴极	导线		原电池、正极、负极	化合价上升、氧化剂	阴极、阳极、氧化反应、还原反应、得电子、失电子、正极、负极	氧化反应	外电路	原电池

从表 2-6 中可以看出，在实验教学之后，对学生进行测试发现当学生对"原电池"进行联想时，"正极、负极"联想次数为 20～30，联想的频数最大；对"电极"进行联想时，联想频数最大的还是"正极、负极"，联想次数在最高的分界线即 30～40；对"外电路"进行联想时，联想频数最大的是"导线"，但是次数却为 10～20；对"盐桥"进行联想时，联想频数最大的是"KCl 溶液"，联想次数为 20～30；对"化学电源"进行联想时，联想的频数均为 10～20，联想词很多，包括"原电池、化学能转化为电能、一次电池、二次电池"；对"还原剂"进行联想时，对"氧化反应、失电子"联想的频数最大，次数为 20～30；对"电极反应"进行联想时，联想频数最高的是"失电子"，联想次数为 20～30；对"氧化剂"进行联想时，联想频数最高的是"还原反应、化合价降低"，联想次数为 20～30；对"内电路"进行联想时，"外电路、电子得失"联想的次数为 10～20，频数最大；对"燃料电池"进行联想时，"原电池、正极、负极"联想的次数为 20～30，频数最大。

表 2-6　实验班后测"原电池"联想词语频数统计表

关键词频数	原电池	电极	外电路	盐桥	化学电源	还原剂	电极反应	氧化剂	内电路	燃料电池
$40 \geq f \geq 30$		正极、负极								
$30 \geq f \geq 20$	正极、负极	阳极、阴极		KCl溶液		氧化反应、失电子	失电子	还原反应、化合价降低		
$20 \geq f \geq 10$	阴极、阳极、电解质、得电子、失电子、化学能转化为电能	失电子、氧化反应	导线	Cl⁻向负极移动、K⁺向正极移动、闭合回路	原电池、化学能转化为电能、一次电池、二次电池	化合价上升、氧化剂、还原反应、负极	氧化反应、得电子、正极、负极	还原反应、得电子、正极、失电子	外电路、电子得失	原电池、正极、负极

从表 2-7 中可以看出，对对照班学生进行测试发现当学生对"原电池"进行联想时，"正极、负极、盐桥、化学能转化为电能"联想次数为 10～20，联想的频数最大；对"电极"进行联想时，联想频数最大的还是"正极、负极"，联想次数在最高的分界线即 30～40；对"外电路"进行联想时，联想频数最大的是"电子流向、内电路"，但是联想次数为 10～20；对"盐桥"进行联想时，联想频数最大的是"KCl 溶液"，联想次数为 20～30；对"化学电源"进行联想时，联想的频数最大的是"一次电池"，联想次数为 10～20；对"还原剂"进行联想时，"失电子"联想的频数最大，次数为 20～30；对"电极反应"进行联想时，联想频数最高的是"正极、负极"，联想次数为 20～30；对"氧化剂"进行联想时，联想频数最高的是"还原反应"，联想次数为 20～30；对"内电路"进行联想时，"外电路、电子流向"联想的次数为 10～20，频数最大；对"燃料电池"进行联想时，"化学能转化为电能"联想的次数在 10 次以上，频数最大。

表 2-7　对照班前测的联想词语频数统计表

关键词频数	原电池	电极	外电路	盐桥	化学电源	还原剂	电极反应	氧化剂	内电路	燃料电池
$40 \geq f \geq 30$		正极、负极								
$30 \geq f \geq 20$				KCl溶液		失电子	正极、负极	还原反应		
$20 \geq f \geq 10$	正极、负极、盐桥、化学能转化为电能		电子流向、内电路		一次电池	负极、氧化反应、化合价上升、氧化剂	得电子、失电子	还原剂、得电子	外电路、电子流向	化学能转为电能

从表 2-8 中可以看出，对对照班学生进行后测发现，当学生对"原电池"进行联想时，"正极、负极"联想次数为 20～30，联想的频数最大；对"电极"进行联想时，联想频数最大的还是"正极、负极、电子流向"，联想次数在最高的分界线即 30～40；对"外电路"进行联想

时，联想频数最大的是"电流流向"，联想次数为 20～30；对"盐桥"进行联想时，联想频数最大的是"KCl 溶液"，联想次数为 20～30；对"化学电源"进行联想时，联想频数最大的均为 10～20，联想词很多，包括"原电池、化学能转化为电能、一次电池、二次电池、正极、负极、燃料电池"；对"还原剂"进行联想时，"氧化反应、失电子、负极"联想的频数最大，次数为 20～30；对"电极反应"进行联想时，联想频数最高的是"正极、负极"，联想次数为 20～30；对"氧化剂"进行联想时，联想频数最大的均为 10～20，联想词很多，包括"还原反应、还原剂、得电子、正极、化合价降低"；对"内电路"进行联想时，"外电路、盐桥"联想的次数为 10～20，联想频数最大；对"燃料电池"进行联想时，"氢氧燃料电池、化学能转化为电能、正极、负极"联想的次数在 10 次以上，频数最大。

表 2-8　对照班后测的联想词语频数统计表

关键词频数	原电池	电极	外电路	盐桥	化学电源	还原剂	电极反应	氧化剂	内电路	燃料电池
$40 \geq f \geq 30$		正极、负极、电子流向								
$30 \geq f \geq 20$	正极、负极		电流流向	KCl 溶液		氧化反应、失电子、负极	正极、负极			
$20 \geq f \geq 10$	氧化还原反应、电解质、盐桥、金属的活泼性	金属、得电子、失电子、氧化反应、还原反应	电子流向、正极、负极	琼脂、闭合回路、正极、负极	原电池、化学能转化为电能、一次电池、二次电池、正极、负极、燃料电池	化合价上升、氧化剂	失电子、得电子	还原反应、还原剂、得电子、正极、化合价降低	外电路、盐桥	氢氧燃料电池、化学能转化为电能、正极、负极

（三）结论

通过相关系数法数据分析发现，在教学之前，实验班和对照班学生都认为氧化剂与还原剂，原电池与电极，原电池与化学电源这几对概念联系比较紧密，此外还存在不同之处：实验班还认为电极与电极反应，内电路与外电路这两对概念联系也比较紧密，对照班认为原电池与燃料电池，原电池与电极反应这两对概念联系也比较紧密。学生在必修 2 "化学能与电能"都学过这几个概念，实验班认为联系紧密的内电路与外电路，联想的相关系数也只是为 0.100～0.150，这可能是因为实验班有部分学生在调查之前进行了预习。通过上述分析可以判定实验班和对照班前测差异不明显。在进行实验教学之后发现，由实验班统计得到的相关系数平均分绘制的认知图比对照班更加丰富，它不仅包含了对照班的认知图，而且比其更复杂，联系也更紧密。在从这方面可以看出接受实验教学即采用不同于人教版化学"电化学"教学内容编排顺序教学的学生比接受原本的教学内容编排顺序教学的学生关于"电解"认知结构更加复杂丰富得多。

通过频数法词语联想辐射图(图 2-3)分析发现，在教学之前，实验班和对照班学生对十个关键词进行联想的词语大部分相似，而且大部分也是之前学过的内容，联系紧密程度也相当，但是对照班相比而言，联系的词语比较多，联系程度也比较紧密，可以得出对照班相比实验班而言认知结构较丰富，但是在进行实验教学之后发现，由实验班统计得到的频数表绘制的认知图和对照班的认知结构图相似，包括联想的词语和联想词语的频数都相似。从这方面可以看出在教学前，对照班认知结构相对实验班认知结构较丰富，但在接受实验教学之后，两班认知结构相当了，同样可以说明接受实验教学即采用不同于人教版化学"电化学"教学内容编排顺序教学的学生比接受原本的教学内容编排顺序教学的学生关于"电解"认知结构复杂丰富得多。

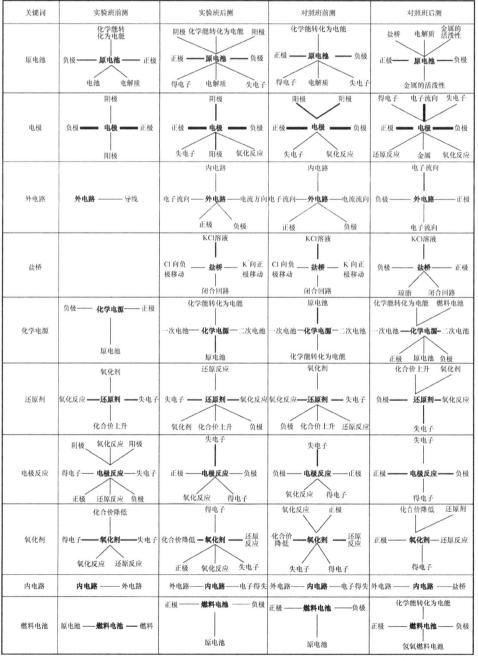

图 2-3　依据实验班和对照班前后测的联想词语频数统计表制得的认知结构图

第二节　树　形　图　法

一、树形图法简介

　　树形图是概念图的原型，它是一种认知结构的表现方式，是语义网络的可视化表示，可以通过图表组织和阐述表达相关知识结构。树形图由概念及概念的连接两大部分组成。学科知识结构的某些基本概念、基本术语和基本原理构成了概念部分；连接概念的连线长度代表概念间语义距离的远近。任何一对概念之间可以有无数种联系，但意义密切的概念要最大程度临近。Stewart 指出在个体认知结构中，如果两个概念的关系越密切，那么所构造的树形图中二者之间的距离越小。

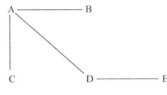

图 2-4　树形图

　　语义距离确定的方法如下：例如，在图 2-4 中，有 A、B、C、D、E 五个概念，A 与 B、A 与 C、A 与 D 以及 D 与 E 之间的联系十分紧密，两个概念间的连线数目均为 1，则规定两个概念之间的语义距离为 1。可以说两个概念之间的语义距离就是概念连线数目的代数和，如 A、E 之间的语义距离为 1+1=2，由此构成一个 5×5 的语义距离矩阵(distance matrix，DM)。图 2-4 的语义距离矩阵见表 2-9。注意：①连接概念之间的线条数目不能超过一条；②当两个概念之间无相关联系时，将二者之间的语义距离记作∞。

表 2-9　5×5 语义距离矩阵

概念	A	B	C	D	E
A					
B	1				
C	1	2			
D	1	2	2		
E	2	3	3	1	

二、树形图法的测量步骤

(一) 认知结构的外显

　　与词语联想法类似，在教育研究开始之前，研究者需制订完整的研究计划，并根据研究目的合理选择被试进行施测。研究者要求被试写下与给定概念相关的一系列概念并以树形图的形式展现相关概念之间的关系。被试画出的树形图则是他们关于该领域知识认知结构的直接外显。其具体步骤如下：

　　(1) 研究者或专家选定测试主题，并提供核心概念。

　　(2) 被试自行画出与该核心概念相关的树形图。

(二) 认知结构的分析

　　为了便于与词语联想法得出的数据相互比较，通常会将语义距离矩阵转化为相似度矩阵(similarity matrix，SM)，树形图中的相似度与上述词语联想法中的相关系数意义接近，二者的转化关系为 SM=1/(n+1)，其中 n 为两个概念间的语义距离。例如，A、B 两个概念间的语义距离为 1，则其相似度为 1/(1+1)=0.5，Geeslin 在 1973 年发表的文章中对该计算方法进行了详细的描述。图 2-4 的相似度矩阵见表 2-10。

表 2-10　5×5 相似度矩阵

概念	A	B	C	D	E
A	1				
B	0.500	1			
C	0.500	0.333	1		
D	0.500	0.333	0.333	1	
E	0.333	0.250	0.250	0.500	1

三、认知结构测量实例

以"化学教师学科认知结构发展水平现状研究"为例进行分析。

(一)"相似度法"分析

某一研究被试 X 的树形图见图 2-5，表 2-11 为某一研究被试 X 树形图的语义距离矩阵，相似度矩阵见表 2-12。

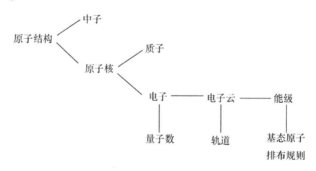

图 2-5　某一研究被试 X 的树形图

表 2-11　某一研究被试 X 树形图的语义距离矩阵

	质子	轨道	电子	原子核	中子	电子云	能级	量子数	原子结构	基态原子排布规则
质子										
轨道	2									
电子	2	2								
原子核	1	3	1							
中子	3	5	3	2						
电子云	1	1	1	2	4					
能级	2	2	2	3	5	1				

续表

	质子	轨道	电子	原子核	中子	电子云	能级	量子数	原子结构	基态原子排布规则
量子数	3	3	1	2	4	2	3			
原子结构	2	4	2	1	1	3	4	3		
基态原子排布规则	3	3	3	4	6	2	1	4	5	

表 2-12　某一研究被试 X 树形图的相似度矩阵

	质子	轨道	电子	原子核	中子	电子云	能级	量子数	原子结构	基态原子排布规则
质子	1									
轨道	0.196	1								
电子	0.299	0.036	1							
原子核	0.467	0.215	0.327	1						
中子	0.380	0.196	0.297	0.449	1					
电子云	0.233	0.335	0.449	0.253	0.230	1				
能级	0.164	0.428	0.258	0.185	0.168	0.315	1			
量子数	0.173	0.359	0.237	0.181	0.169	0.257	0.411	1		
原子结构	0.296	0.243	0.331	0.433	0.281	0.274	0.216	0.203	1	
基态原子排布规则	0.198	0.306	0.252	0.252	0.193	0.251	0.286	0.265	0.357	1

从表 2-12 中可以看出，孤岛中最大值为 0.467，最小值为 0.036。由此得出，联系最紧密的两个概念为质子和原子核，联系最弱的两个概念为轨道和电子。通过分界点图式法，该样本关于"原子结构"的认知结构图由平均 SM 值表示出来。考虑到最大的值为 0.467，因而 SM≥0.450 被选作用关键词画网状关系图分界的起始点，第一 SM 范围被选定为 SM≥0.450，最后 SM 值的范围因综合考虑所选取的十个关键词，该范围定为 0.350＞RC≥0.300。粗线代表两个关键词间联系强，细线则表示两个关键词间联系较弱。图 2-6 为得出的联系结构图。

由图 2-6 可以看出，所有孤岛只有一个值大于 0.450，就是质子和原子核之间的联系，该孤岛分布在第一个单元格中。当 SM 值降到 0.400 时，有四个孤岛出现在第二个单元格中，它们是原子核和中子之间的联系、电子和电子云之间的联系、原子结构和原子核之间的联系以及轨道和能级之间的联系。当 SM 值降到 0.350 时，原子结构和基态原子排布规则这个孤岛出现在第三个单元格中。直至 SM 值降到 0.300，剩余两个孤岛出现在第四个单元格中，分别是轨道和电子云之间的联系以及原子结构和电子之间的联系。由此可以得出，被试这一群体头脑中所存在的认知结构，联系最紧密的是原子核和质子，原子结构和电子联系最弱。联系强弱顺序见表 2-13，其中 A 代表质子、B 代表轨道、C 代表电子、D 代表原子核、E 代表中子、F 代表电子云、G 代表能级、H 代表量子数、I 代表原子结构、J 代表基态原子排布规则。

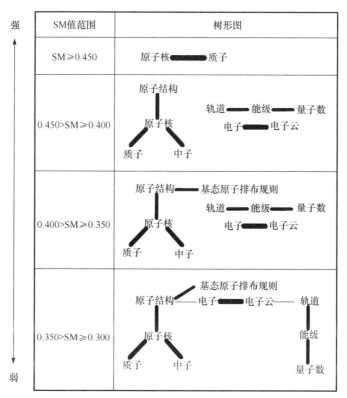

图 2-6　采用 SM 值绘制的被试 X "原子结构"树形图

表 2-13　被试群体 "原子结构" 树形图相似度大小排序表

序数	1	2	3	4	5	6	7	8	9
相似度	0.467	0.449	0.449	0.433	0.428	0.411	0.357	0.335	0.331
联系层数	D-A	D-E	C-F	I-D	B-G	G-H	I-J	B-F	I-C

(二) 频数法分析

表 2-14 是被试的词语联想频数统计表，图 2-7 是通过频数绘制的被试的认知结构图。最高的频数区间为 $50 \geqslant f \geqslant 40$，最后一个区间范围是 $20 \geqslant f \geqslant 10$。从图 2-7 可以看出，在第一频数范围 $50 \geqslant f \geqslant 40$，第一个单元格中有两个孤岛，分别是原子核和质子之间的联系以及原子结构和原子核之间的联系。当频数降到 $40 \geqslant f \geqslant 30$ 时，又出现了四个关键词，电子、电子云、轨道和能级，共有五个孤岛出现在第二个单元格中。当频数范围为 $30 \geqslant f \geqslant 20$ 时，共 7 个孤岛出现在第三个单元格中。到最后一个单元格，频数范围为 $20 \geqslant f \geqslant 10$，9 个孤岛全部出现在图中。

表 2-14　被试词语联想频数统计表

	质子	轨道	电子	原子核	中子	电子云	能级	量子数	原子结构	基态原子排布规则
质子										
轨道	3									
电子	7	15								
原子核	47		6							

续表

	质子	轨道	电子	原子核	中子	电子云	能级	量子数	原子结构	基态原子 排布规则
中子	14	2	4	36						
电子云		13	38							
能级		33	5			9				
量子数	5	8		45	1		26			
原子结构		3	15			3	2	4		
基态原子 排布规则		9	4	4			5		28	

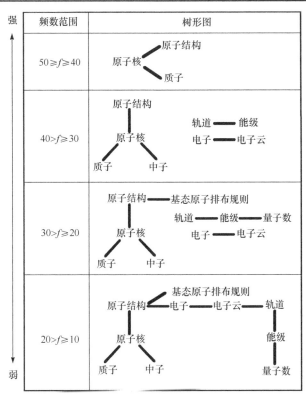

图 2-7　采用频数绘制的被试 X "原子结构" 树形图

第三节　概念图法

一、概念图法简介

概念图又称概念地图，概念图法是用节点表示概念，连线代表概念关系的一种图示法。它最早由美国的诺瓦克教授于 20 世纪 60 年代提出，目的在于在奥苏贝尔的有意义学习的基础上研究儿童对学科知识的理解程度，之后还将其应用于教学，成为一种教学工具。概念图是组织和表示知识的图形工具，其组成要素有四个：概念、命题、交叉连接和层级结构。

在测查认知结构的方法中，概念图法是更直接、更便于施测的方法。这种方法是让学生就某块知识，用图的方法来表现其中的概念与概念间的联系。一个概念图就是由节点和连线构成的结构性的表征，其中节点对应某领域中各种概念的重要术语名词，连线代表一对概念节点之间的关系。两个节点与一个带标注的连线共同构成了一个命题。让学生把某领域中的概念连起来，并标明这种联系的性质，可以说明某知识领域的关键概念在学生头脑中是怎样组织起来的。概念图测验可以要求学生独立完成一个概念图，补充未完成的概念图，组织概念卡片，即把某种知识领域的重要概念写在卡片上，让学生分类、组织卡片评价概念间的联系强度写论文，通过访谈，评价者根据访谈结果绘制概念图等。但以上众多方法中，让学生直接构建开放性概念图是最能反映学生的认知结构的方法。

二、概念图法的测量步骤

(一) 概念图相关知识培训

被试群体对概念图的相关知识在认识上存在差异性，且不排除有部分学生之前从未听说过概念图。因此，在调查材料的前半部分详细给出了概念图的定义，概念图的基本要素——节点、连线、层级和命题，概念图的分类，概念图的评价标准。主试在实施测试之前，对材料中的相关内容做出了简单的介绍，故可以保证被试不会因对"概念图"的陌生而造成构建方面的缺陷。

(1) 概念：是一种反映事物的本质属性的思维形式，通常用专有名词或符号标记。大多数概念的标签是一个词(如"物质的量"和"气体摩尔体积"等)，也包括符号和公式(如化学符号"V_m"和化学公式"$n=N/N_A$"等)，或者根据文本特点会使用一个句子(如"一定数目的粒子集合体"等)。

(2) 命题：指在概念之间建立起的有意义的联结。包括两个及其以上的相连接概念用连接词或连接短语来连接使其形成有意义的陈述。例如，"概念图有助于教与学"命题由三个概念加连接词"有助于"构成。

(3) 交叉连接：指不同知识领域的概念之间存在的相互关系。

(4) 层级结构：即概念的展现形式。一般概念的层级分布是按照概念的上下位属性进行，最概括概念置于概念图的上层，而从属概念则在下层。

(二) 概念图绘制

在对被试进行概念图相关知识培训之后，研究者给出所测认知结构的主题，然后让被试自行画出该主题的概念图即可。

三、认知结构测量实例

以"高中生有机化学认知结构的测查与分析"为例进行分析，学优生、学困生的有机化学认知结构基本要素统计表如表 2-15 所示。成绩与要素相关分析见表 2-16。

表 2-15 学优生、学困生的有机化学认知结构基本要素统计表

	期中测试平均成绩	节点数	命题数	命题数/节点数	实例数
学优生	91.69	72.63	81.59	1.16	11.89
学困生	55.69	39.50	37.29	0.96	6.36
全体学生	75.65	56.99	58.94	1.07	9.31

表 2-16 被试群体期中测试成绩与概念图基本要素之间的相关性分析

		节点数	命题数	命题数/节点数	实例数
期中测试平均成绩	皮尔逊相关性	0.368	0.434	0.287	0.171
	Sig.(2-tailed)	0.001	0.000	0.010	0.129

第一，学困生绘制的概念图中基本要素节点数、命题数、命题数/节点数、实例数明显低于全体学生，学优生绘制的概念图中基本要素明显高于全体学生。从中可以体现出不同层次学生有机化学认知结构中的知识原型"量"方面的差异性，学优生头脑中的知识量较多，而学困生头脑中的知识量稍显匮乏。

第二，学生成绩与学生绘制概念图的基本要素节点数、命题数、命题数/节点数之间存在显著性相关。这说明可以通过学生的自制概念图反映学生学业情况，也可以通过学业成绩在一定程度上反映学生的化学认知结构。

第三，学优生、学困生绘制的概念图在基本要素节点数、命题数、命题数/节点数方面存在显著性差异，体现出学优生在有机化学认知结构中知识"量"方面显著高于学困生，单位知识源间建立的关系更紧密，即学优生有机化学认知结构中的效率更高。

第四节 流 程 图 法

一、流程图法简介

流程图(flow map)表征认知结构的方法是 1993 年由 Anderson 和 Demetrius 首次提出的，后经 Tsai 等的应用和改进，在实践中具有较大的优势和应用价值。流程图是在自然状态下，用一种非直接的方式获得人的思维顺序和结构组织特征，并用一种特定图形展示受访者回忆内容的顺序和内容之间的网络联系。因此，流程图是一种展示受访者回忆内容的顺序和内容之间的网络联系图形，换句话说，流程图不仅可以表征受访者头脑中知识的顺序，而且可以表征受访者思维之间的关联。

二、流程图法的测量步骤

(一) 认知结构的引出

为了能够在最小干扰下引出被试特定领域的认知结构，首先需要对被试进行访谈录音，访谈问题设置不能有任何提示性语句，问题一般设置为：

(1) 关于××你认为有哪些重要知识点或重要概念？

(2) 你对以上所说的知识点或概念能不能描述得更详细(具体)一些？

(3) 你能告诉我以上所说的知识点之间有什么联系吗？

(二) 认知结构的表征

为了以可视化图形表征学生的认知结构，将学生对以上问题的录音转化为文字描述，以知识点为单位确定每句描述，并用相关箭头连接每句描述形成流程图。每张流程图中有两种箭头，一种是线性箭头，表示学生知识表达的顺序；另一种是回归箭头，表示所叙述知识之间的逻辑关系。

(三) 认知结构的量化分析

用流程图认知结构表征方法分析学生的认知结构，对于教育工作者有以下几个应用。

(1) 对学生认知结构的定量分析。

分析学生认知结构流程图，可以通过以下六个变量对学生认知结构进行定量分析。①广度：用流程图中知识点数表示，也可以称为节点；②丰富度：用流程图中回归箭头(或称返回箭头)的总数表示；③灵活度：用在后置听力阶段引出的知识点的数量表示；④整合度：用回归箭头的比率表示，等于回归箭头/(回归箭头+知识点的总数)；⑤正确性或错误概念数：用错误概念数表示，错误知识点越少，正确率越高；⑥信息检索率：表示知识的检索率，用知识的描述总数除以时间表示。

(2) 对学生信息处理策略水平的分析。

通过分析学生认知结构流程图中的知识叙述方式，可以对学生的信息加工水平进行分析研究。根据信息加工理论，从逻辑水平分类，信息加工的水平由低到高分为定义、描述、比较和对比、情景推理、解释五个层次。①定义：是指给出概念和科学术语的定义；②描述：是指对一种现象或事实的描绘；③比较和对比：是指针对不同事物之间的相互关系的说明；④情景推理：一般指描述在特定情景下会发生什么；⑤解释：是指为两件事情或两件事实间的因果关系提供证明。

(3) 对学生头脑中特定领域知识结构的内容分析。

通过流程图不仅可以分析个体认知结构，还可分析被试群体对特定领域知识的掌握情况。通过对个体流程图中回忆的知识点进行统计分析，并将研究结果与教师的教学设计进行对比分析，不仅可以帮助教师检测本节课教学目标的实现程度和学生对本节课程重难点的掌握情况，而且可以帮助教师诊断出本节课内容学生学习上的困难，从而为教学设计的优化和完善提供有效证据。

三、认知结构测量实例

以"基于流程图法测查高中生化学认知结构"为例进行分析。

(一) 认知结构数据

以中等生(学生2)为例，根据学生2的认知结构流程图(图2-8)计算出流程图中涉及的知识点共11个，回归箭头6个，错误描述1个，即广度=11，丰富度=6，错误描述=1，计算整合度=6/(11+6)=0.35，信息检索率=11/146=0.08。

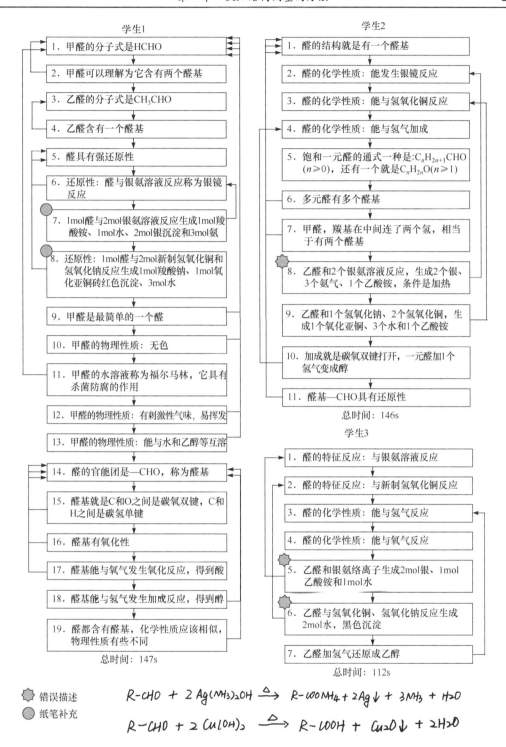

图2-8 被试认知结构流程图

(二)信息处理策略数据

从各知识点所运用的信息处理策略,可以看出除了知识点10是对加成反应过程的解释以外,其余知识点都运用描述来组织知识。因此,解释数目=1,描述数目=10,其余个数均为0。

(三) 学生认知结构定量分析

由表 2-17 可以看出，有关"醛"的认知结构变量，学生 1(学优生)明显优于学生 2(中等生)和学生 3(学困生)。学生 1 的知识点广度、丰富度、整合度、信息检索率大，错误描述少；学生 2 的各认知结构变量次之，错误描述较少；相比之下，学生 3 的认知结构不仅错误概念较多，各变量值都比较低，可以反映出学生 3 对于"醛"的认知水平比较低，在一定的环境刺激下，不能有效回忆和组织知识，认知结构需要进一步完善和优化。有关"醛"的信息处理策略，明显可以看出三组学生都倾向于使用描述的策略，但相对于学生 2 和学生 3，学生 1 较多使用了比较和对比、情景推理和解释策略，反映出成绩高的学生倾向于使用高水平的信息处理策略来组织知识。

表 2-17 三组学生关于"醛"的认知结构变量和信息处理策略整体结果

量化维度	类型	学生 1	学生 2	学生 3
认知结构变量	广度	17.63	11.92	7.18
	丰富度	13.89	7.92	4.94
	整合度	0.43	0.32	0.29
	错误描述	0.46	1.87	2.49
	信息检索率	0.13	0.11	0.07
信息处理策略	定义	0.84	0.74	0.66
	描述	12.58	9.68	5.79
	比较和对比	1.98	0.46	0.34
	情景推理	0.78	0.33	0.08
	解释	1.45	0.71	0.31

由表 2-18 可以看出，关于"醛"的知识内容，学生的纸笔测试成绩与认知结构的广度、丰富度显著相关($p<0.01$)，学生 1 在访谈中，描述的知识点多，知识之间的联系大；认知结构广度与丰富度、整合度、信息检索率都呈正相关($p<0.01$, $p<0.05$)；丰富度与整合度、信息检索率显著相关($p<0.01$, $p<0.05$)；有意思的是，错误描述与信息检索率呈负相关($p<0.05$)，说明学生认知结构中错误概念越多，越难有效提取信息。此外，学生的纸笔测试成绩与整合度、错误描述和信息检索率相关不明显，这种结果可能与访谈时学生语速的影响有关。

表 2-18 学生关于"醛"的认知结构变量与纸笔测试成绩的相关性分析结果($N=36$)

	广度	丰富度	整合度	错误描述	信息检索率	成绩
广度		0.853**	0.344*	0.254	0.428**	0.495**
丰富度			0.598**	0.198	0.365*	0.399**
整合度				0.122	−0.178	−0.220
错误描述					−0.358*	−0.127
信息检索率						−0.179
成绩						

*$p<0.05$；**$p<0.01$

由表 2-19 可以看出，关于"醛"的知识内容，学生的纸笔测试成绩与描述、比较和对比、解释显著相关($p<0.05$，$p<0.01$)，这与"醛"的知识内容特点有关，有机知识要求学生掌握有机物的组成结构、物理性质、化学性质及其应用，绝大多数学生会"描述"醛的分子式、结构、物理性质、化学性质和应用，还有部分学生会"比较和对比"甲醛、乙醛中醛基的个数和反应的系数，少数学生会"解释"性质与结构的关系，即随着知识深度增加，需要使用的信息处理水平相应变高，能够完整正确表征知识的学生也越少，这充分说明了学优生在组织知识时善于使用逻辑水平较高的信息处理策略。数据还显示纸笔测试成绩与定义和情景推理无关，主要原因可能是学生在组织知识时很少使用这两种策略，统计数据表明，36 名学生中，"定义"这一策略只使用了 4 次，"情景推理"策略的使用更少，只有 2 次。

表 2-19 学生关于"醛"的信息处理策略与纸笔测试成绩的相关性分析结果($N=36$)

	定义	描述	比较和对比	情景推理	解释	成绩
定义		0.367*	−0.121	0.479**	−0.031	0.139
描述			−0.138	0.044	0.199	0.397*
比较和对比				−0.058	0.230	0.581**
情景推理					−0.140	0.005
解释						0.414*

*$p<0.05$；**$p<0.01$

第五节 测量方法的评价

认知结构的测量和表征主要围绕学生已经获得的知识和概念、知识之间的联系及学生的信息处理策略三个方面。为了能够定量地表征认知结构这三方面，研究者提出用广度、正确度、整合度、信息检索率和信息处理策略分析这五个变量对个体认知结构进行定量描述。近几十年来，很多研究者提出了很多方法，比较常用的有自由词语联想法、控制词语联想法、树形图、概念图和流程图。研究者从数据处理、结果分析和方法的有效性等方面具体描述每种方法的优缺点和差异，发现流程图是唯一可以提供上述五个变量的方法，具体见表 2-20。

表 2-20 认知结构测查方法及其表征变量

	自由词语联想法	控制词语联想法	树形图	概念图	流程图
广度	**	*	**		**
正确度	**	**			**
整合度	*	*	*	**	**
信息检索率	*	*			**
信息处理策略分析					**

*可能能表征；**一定能表征

此外，研究指出自由词语联想法自由度太大，且数据处理比较复杂；控制词语联想法限制性太强，不利于学生主体性的发挥；树形图和概念图在测量时需要提前对学生进行培训，从定量的角度描述学生的认知结构比较复杂。而流程图在测量学生认知结构中能最大限度地减少对学生的人为干扰，从而获得认知过程的细节，得到学生最真实的认知结构，是国外现在比较流行也比较新的一种测查学生认知结构的方法。

下　篇

认知结构的测量与应用

第三章　原子结构和元素周期律的认知结构
与学习困难分析

18 世纪 70 年代，人们对原子结构的认识还没有深入原子的内部，门捷列夫在对原子量排序的基础上归纳阐述了元素周期律。到了 18 世纪 90 年代，随着汤姆逊阴极射线研究发现了电子之后，科学家逐渐对原子的内部结构有了更深入的认识，从原子结构的角度反观元素周期律并对其进行了修正。

原子结构和元素周期律内容是中学化学的主要理论之一。元素周期律的发现和总结对于化学学科的发展具有里程碑的意义，其发现为未知元素的认识和发现提供了更多的预测参照指标，为普通化学在近代的蓬勃发展奠定了理论基础，也是高中化学理论基础的重要组成部分，其理论性强。学生对元素周期律的学习可以认识到元素不再是孤立的个体，体会元素"位、构、性"相联系的化学学科思想，并学习对未知物质性质进行探究与推测的方法。但是这部分内容始终是中学化学的难点。学生的学习困难可以通过认知结构反映出来。本章通过测查学生"原子结构"和"元素周期律"的认知结构，从定量、定性两个维度直观客观描述学生的认知结构。通过对其认知结构五变量及信息处理策略五变量的分析，描述分析出学生的学习困难，基于此提出针对性、建设性的教学建议。

第一节　原子结构

本节所选择的课程内容为化学学科高中学段"原子结构"，使用的教科书为人民教育出版社《化学(选修 3)》。被试群体为新疆维吾尔自治区巴音郭楞蒙古自治州某中学同一化学教师任教的高二两个班级，按纸笔测试成绩高、中、低各抽取 11 名共 33 名学生，男女比例接近 1：1。数据采集过程征得校方与教师允许后，记录教师讲授"原子结构"相关章节的整个教学过程；在教学结束一周后，对学生进行访谈，访谈前已向学生说明研究目的在于了解其相关的学习情况，不会透露其个人信息。

一、认知结构流程图

(一) 不同层次学生认知结构流程图

通过转录文本绘制 33 名学生的认知结构流程图。由于篇幅有限，只选择列出了 3 名学生(依次界定为学优生、中等生、学困生)的认知结构流程图，见图 3-1～图 3-3。

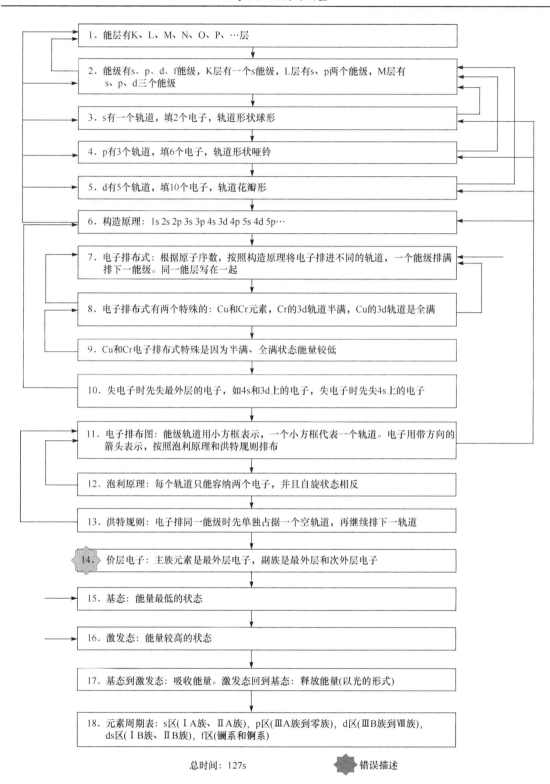

图 3-1 学优生的"原子结构"认知结构流程图

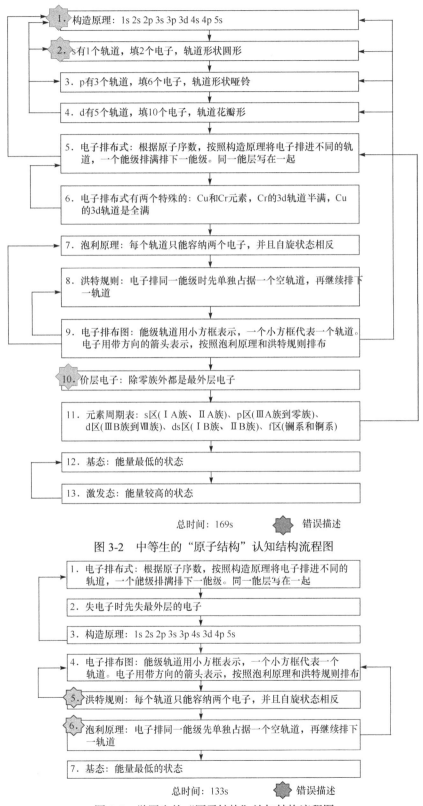

图 3-2 中等生的"原子结构"认知结构流程图

图 3-3 学困生的"原子结构"认知结构流程图

认知结构的整体性：认知结构的整体性可以代表个体的思维模式。学优生关于"原子结构"的内容回忆的知识点的数目较多，知识之间的网络联系也比较丰富，知识结构的系统性强，整体性完善；相对而言，中等生和学困生知识结构的整体结构性比较欠缺。尤其是学困生回忆的知识点数目相对较少，并且知识之间的网络联系也不紧密，认知结构需要进一步完善和优化。

认知结构的层次性：认知结构的层次性是指对相关类别知识做出有层次性的安排。学优生在描述原子结构时遵循能层与能级、构造原理、电子排布方法、能量最低原理到元素周期表分区的顺序；中等生遵循构造原理、能层与能级、电子排布方法、元素周期表分区到能量最低原理的顺序；学困生遵循电子排布式、构造原理、电子排布图、洪特规则、泡利原理到基态的顺序。三组学生都能够从不同的方面描述本节内容，说明学生对于本节知识的认知结构层次分明。

认知结构的差异性：结合流程图内容可见，学优生对"原子结构"的认知不仅涉及主要定义、规则，还涉及对相关规则或事实的进一步解释。例如，在描述电子排布式部分内容时，对其书写步骤进行说明后，提及两个特殊排布的元素，并且对其特殊排布的原因进行解释说明，反映出学优生对该"原子结构"内容有全面而深入的认识和掌握。中等生相关认知结构的广度和丰富度均比学优生小。中等生对"原子结构"的认知中缺乏对能层、能级、导致特殊电子排布式的原因、基态与激发态转换中的能量变化等的涉及，反映出其认知的深入程度明显较为欠缺。学困生相关认知结构的广度、丰富度均很小，其对"原子结构"的认知仅主要关注电子排布的情况与规则，但对相关规则的描述中出现明显的错误。

(二) 描述统计

对学生认知结构整体结果进行分析，三组学生认知结构变量和信息处理策略数据的平均值见表 3-1。

表 3-1　三组学生关于"原子结构"的认知结构变量和信息处理策略整体结果

量化维度	类型	学优生	中等生	学困生
	广度	17.73	12.88	7.27
	丰富度	21.52	12.97	5.09
认知结构变量	整合度	0.53	0.47	0.30
	错误描述	1.15	3.18	2.98
	信息检索率	0.14	0.09	0.05
	定义	3.41	2.36	1.55
	描述	5.46	3.95	2.55
信息处理策略	比较和对比	4.89	3.96	2.42
	情景推理	2.39	1.41	1.06
	解释	1.82	1.05	0.51

从表 3-1 可见，学优生认知结构的广度、丰富度、整合度和信息检索率均高于中等生和学

困生，说明学优生能够描述出的知识点数量最多，知识点之间的联系也比较紧密，不同知识点之间的整合度也较大，说明学优生能够基于新、旧概念间的联系来实现对新概念的建构。而且在描述知识时能够有效地回忆和组织知识，并且错误描述是最少的。而中等生的认知结构的广度、丰富度、整合度和信息检索率都低于学优生，说明中等生也能够回忆出大部分知识点，但是不够连贯、紧凑，而在回忆时不能很快地、完整地描述一个知识点，导致信息检索率较低，同时错误描述也较多。学困生认知结构的广度、丰富度、整合度和信息检索率均是最低的，说明学困生头脑中的知识点比较少，并且比较散乱，在一定的环境刺激下，不能有效地回忆和整合知识，需要进一步完善和构建认知结构。

在信息处理策略的使用上，学优生对"原子结构"部分的描述采用定义、描述、比较和对比、情景推理和解释的频率都高于中等生和学困生，说明学优生能够全面发挥各层级信息处理策略的作用，尤其重视对情景推理、解释等高级信息处理策略的使用。例如，学优生在描述完 Cu 和 Cr 这两种元素的特殊电子排布式后，能够进一步解释这样排布的原因。在说明了失电子时是先失去最外层电子时，能够进一步举例说明在 3d、4s 两个能级中都有电子时，会首先失去 4s 能级上的电子。

二、相关性分析

(一) 认知结构变量与成绩的相关性分析

学生认知结构变量与纸笔测试成绩的相关性分析结果如表 3-2 所示。

表 3-2 学生"原子结构"认知结构变量与纸笔测试成绩的相关性分析结果(N=33)

	广度	丰富度	整合度	错误描述	信息检索率	成绩
广度		0.937**	−0.097	−0.431*	0.562**	0.615**
丰富度			0.255	−0.398*	0.570**	0.656**
整合度				0.083	0.089	0.157
错误描述					−0.352*	−0.342
信息检索率						0.382*

*$p<0.05$；**$p<0.01$

从表 3-2 可见，纸笔测试成绩分别与广度、丰富度显著相关($p<0.01$)。这说明相关认知结构中知识点的数量越大、其间联系越紧密的学生，更容易取得较高的纸笔测试成绩，进一步表明掌握一定数量的基本知识是学生形成问题解决能力的基本前提。纸笔测试成绩与信息检索率也显著相关($p<0.05$)，这表明成绩较好的学生对"原子结构"知识进行回忆时的效率明显高于其他学生。

"原子结构"认知结构中的广度和丰富度显著相关($p<0.01$)，说明学生头脑中相关知识点的数量越多，知识点间的联系也越多。这反映出学生往往会基于新、旧概念间的联系来实现对新概念的建构。例如，学生 A、B 均以"能级 s、p、d、f"为"节点"来实现对新、旧概念的关联，所不同的是学生 A 以"能级包括 s、p、d、f"为认知起点，学生 B 以"构造原理：1s 2s 2p 3s 3p 3d 4s 4p 5s"为认知起点。

错误描述与广度、丰富度和信息检索率呈显著负相关($p<0.05$)，说明在学生认知结构中知识点的数量越小或联系越少或回忆知识时的效率越低的情况下，学生出现错误描述的概率越大。这说明"原子结构"知识的系统性本身较强，学习难度较大，学生对于"原子结构"知识的碎片式学习的效果并不理想，往往伴随较多错误。进一步说明，一些成绩较差的学生在学习"原子结构"时存在整体理解的困难，极有可能只是机械地记诵一些抽象的、片段的文本知识。

(二) 信息处理策略与成绩的相关性分析

学生信息处理策略与纸笔测试成绩的相关性分析结果如表 3-3 所示。

表 3-3　学生"原子结构"信息处理策略与纸笔测试成绩的相关性分析结果($N=33$)

	定义	描述	比较和对比	情景推理	解释	成绩
定义		0.331	0.230	0.187	0.198	0.393*
描述			0.191	0.397*	0.266	0.407*
比较和对比				0.586**	0.201	0.347*
情景推理					0.307	0.496**
解释						0.694**

*$p<0.05$；**$p<0.01$

从表 3-3 可以看出，学生学习成绩与情景推理、解释等策略的使用显著相关($p<0.01$)，同时还与定义、描述、比较和对比等策略的使用相关($p<0.05$)。这说明对"原子结构"知识的建构需要学生全面发挥各层级信息处理策略的作用，尤其应该重视对情景推理、解释等高级信息处理策略的使用。纸笔测试成绩较高的学生 A 对"原子结构"的认知建构中注重对"情景推理"和"解释"信息处理的使用，如解释了 Cu、Cr 电子排布式特殊的原因，说明了在 3d、4s 两个能级中有电子时，4s 会首先失去电子。

情景推理分别与描述、比较和对比策略的使用显著相关($p<0.05$，$p<0.01$)。这说明学生在建构"原子结构"认知结构时更倾向于联合使用描述、情景推理策略，或联合使用比较和对比、情景推理策略。

(三) 信息处理策略与认知结构变量的相关性分析

学生信息处理策略与认知结构变量的相关性分析结果如表 3-4 所示。

表 3-4　学生"原子结构"信息处理策略与认知结构变量的相关性分析结果($N=33$)

	定义	描述	比较和对比	情景推理	解释
广度	0.752**	0.531**	0.446**	0.483**	0.580**
丰富度	0.689**	0.501**	0.489**	0.503**	0.605**
整合度	−0.125	−0.018	0.142	0.088	0.113
错误描述	−0.212	−0.481**	−0.469**	−0.642**	−0.291
信息检索率	0.254	0.400*	0.121	0.285	0.590**

*$p<0.05$；**$p<0.01$

从表 3-4 中可以看出，学生关于"原子结构"认知结构的广度和丰富度与定义、描述、比较和对比、情景推理和解释都显著相关($p < 0.01$)，说明描述知识点越多，知识点网络整体性强的学生采用了多种信息处理模式来表达他们的观点，也表明"原子结构"部分内容较为抽象，需要学生在理解基本概念的基础上能够深究原理，进行对比记忆，适时地迁移学习。认知结构的错误描述与描述、比较和对比及情景推理之间呈负相关($p < 0.01$)，说明善于合理使用描述、比较和对比及情景推理这几种信息处理策略来表达观点的学生能够加深对知识的理解，减少错误概念的产生。认知结构的信息检索率与解释显著相关($p < 0.01$)，说明信息检索率较高的学生更擅长采用解释这种信息处理策略来表达他们的观点。

三、基于认知结构测量的学习困难分析

根据学生的访谈测查出学生关于原子结构内容的基本知识如表 3-5 所示。

表 3-5　访谈中学生关于原子结构基本知识统计

类别	种类	知识点	人数	百分数/%
能层与能级	正确概念	能层：有 K、L、M、N、O、P、…层	27	81.82
		能级：有 s、p、d、f、…能级	25	75.76
构造原理	正确概念	1s 2s 2p 3s 3p 4s 3d 4p 5s 4d 5p 6s 4f 5d 6p 7s 5f 6d 7p	26	78.79
	迷思概念	从 4s 出现能级交错，能级顺序描述错误，如 1s 2s 3s 3p 3d 4s 4p 4d 4f…	6	18.18
电子云与原子轨道	正确概念	s 能级：1 个轨道，可以填 2 个电子，轨道形状球形	20	60.61
		p 能级：3 个轨道，可以填 6 个电子，轨道形状哑铃形	23	69.70
		d 能级：5 个轨道，可以填 10 个电子，轨道形状花瓣形	10	30.30
	迷思概念	s 轨道形状圆形，不知道 p 和 d 轨道形状	19	57.58
能量最低原理	正确概念	基态：能量最低的状态	15	45.45
		激发态：能量较高的状态	15	45.45
		基态与激发态转换：基态到激发态需要吸收能量，激发态回到基态需要释放能量(主要以光形式)	12	36.36
	迷思概念	基态到激发态需要释放能量，激发态到基态需要吸收能量	3	9.09
		激发态释放能量到达基态，主要形式是放热	4	12.12
		基态到激发态吸收能量，激发态到基态释放能量(不知道形式)	5	15.15

续表

类别	种类	知识点	人数	百分数/%
价层电子	正确概念	主族和零族元素是最外层电子，副族和Ⅷ族元素是最外层和次外层电子	14	42.42
	迷思概念	只有主族元素是最外层电子，只有副族元素是最外层和次外层电子	10	30.30
		除零族外都是最外层电子	3	9.09
		主族元素是最外层和次外层电子，副族和零族是最外层和次外层倒数第三层电子	3	9.09
		主族和零族最外层和次外层电子，副族和Ⅷ族最外层电子	2	6.06
元素周期表分区	正确概念	s区(ⅠA族、ⅡA族)、p区(ⅢA族到零族)、d区(ⅢB族到Ⅷ族)、ds区(ⅠB族、ⅡB族)、f区(镧系和锕系)	16	48.48
	迷思概念	区位置描述不清：s区(最左边)、p区(最右边)、d区(副族)、f区(副族中)等	4	12.12
		区名称错误：sd区、sp区等	6	18.18
		区位置错误：ds区(副族)、d区(ⅢA族到零族)、p区(ⅢB族到Ⅷ族)、f区(ⅠB族、ⅡB族)、ds区(镧系和锕系)等	7	21.21
电子排布式	正确概念	电子排布式书写步骤：根据原子序数，按照构造原理将电子排进不同的轨道，一个能级排满排下一能级。同一能层写在一起	27	81.82
		电子排布式特殊情况：29号Cu和24号Cr元素，Cr的3d轨道半满，Cu的3d轨道全满	23	69.70
		电子排布式特殊原因：半满、全满状态能量较低	15	45.45
		失电子规则：失电子时先失最外层的电子，如4s和3d，失电子时先失4s上的电子	26	78.79
	迷思概念	电子排布式特殊情况：29号Cu和24号元素Cr，不知道具体排布	10	30.30
		失电子规则：失电子时先失最外层的电子，如4s和3d，失电子时先失3d上的电子	3	9.09
电子排布图	正确概念	电子排布图的画法：s能级1个轨道，用1个小方框表示，填2个电子。p能级3个轨道，6个电子，d能级5个轨道，10个电子。每个轨道都能容纳2个电子，电子用带方向的箭头表示，按照泡利原理和洪特规则排布	27	81.82
		泡利原理：在一个原子轨道中，最多只能容纳两个电子，并且自旋状态相反	20	60.61
		洪特规则：当电子排布在同一能级的不同轨道时，基态原子中的电子总是优先单独占据一个轨道，而且自旋方向相同	21	63.64

续表

类别	种类	知识点	人数	百分数/%
电子排布图	迷思概念	泡利原理：当电子排布在同一能级的不同轨道时，基态原子中的电子总是优先先单独占据一个轨道，而且自旋方向相同	9	27.27
		洪特规则：在一个原子轨道里，最多只能容纳两个电子，并且自旋状态相反	8	24.24

从表 3-5 可见，"原子结构"部分内容的学习困难具体表现如下：

(1) 构造原理：78.79%的学生都能够说出构造原理的内容，18.18%的学生对构造原理的错误描述在于能级交错处，如 1s 2s 2p 3s 3p 3d 4s 4p 4d 4f…

(2) 电子云与原子轨道：60.61%的学生能够说出 s 能级的轨道个数、填充电子数以及轨道形状，69.70%的学生能够说出 p 能级的轨道个数、填充电子数以及轨道形状，30.30%的学生能够说出 d 能级的轨道个数、填充电子数以及轨道形状，57.58%的学生的错误在于描述不同能级的轨道形状处出现错误或者不能说出不同的轨道形状，如 s 轨道的形状是圆形。

(3) 能量最低原理：45.45%的学生能够说出基态的定义，45.45%的学生能够说出激发态的定义，而只有 36.36%的学生能够正确说出基态与激发态转换的条件，错误在基态与激发态转换的条件这一概念上。9.09%的学生将基态与激发态之间能量的吸收与释放过程描述相反，12.12%的学生将激发态到基态释放能量的主要形式描述错误，15.15%的学生不知道激发态到基态释放能量的主要形式。

(4) 价层电子：42.42%的学生能够正确说出定义，主要错误在于学生忽略了零族和Ⅷ族的存在，如 30.30%的学生认为：只有主族元素的价层电子是最外层电子，只有副族元素的价层电子是最外层和次外层电子。

(5) 元素周期表分区：48.48%的学生能够准确区分不同的区域，而 12.12%的学生对不同区的位置描述不清导致错误，18.18%将区的名称描述错误，21.21%的学生将区的位置描述错误或者混淆。

(6) 电子排布式：69.70%的学生能够准确说出电子排布式的特殊情况，但只有 45.45%的学生能够解释电子排布式特殊的原因。

(7) 电子排布图：81.82%的学生能够说出电子排布图的画法，但对于画法遵循的泡利原理和洪特规则存在较大的学习困难。27.27%的学生将洪特规则的内容描述为泡利原理的内容，又有 24.24%的学生将泡利原理的内容描述为洪特规则的内容。

综上所述，学生的学习困难主要在于：①对相关信息进行加工的精细化程度不够，如能够描述不同能级的轨道个数但不清楚轨道的形状；②注重结论记忆，但对导致该结论的原因缺乏认识，如学生能够表述 Cu 和 Cr 的电子排布式但不能表述其原因；③无法区分有关相似概念，如泡利原理和洪特规则的混淆等。

四、教学策略

"原子结构"认知结构中知识点的数量越大、其间联系越紧密的学生，更容易取得较高的纸笔测试成绩；学生往往会基于新、旧概念间的联系来实现对新概念的建构，但建立相关联系所用的"节点"不同。因此，建议教师在讲授新知识的同时注重对旧知识的回顾，加强其与新知识之间的联系，帮助学生高效学习。

对"原子结构"知识的建构，需要学生全面发挥各层级信息处理策略的作用，尤其应该重视对情景推理、解释等高级信息处理策略的使用。因此，教师应充分理解教学内容的特点，并重视其对学生思维方式的培养作用，如教师在讲解电子排布式特殊排布时能够详细而生动地讲解全满与半满，并列举更多元素使学生自己探索其原子结构的特殊排布，培养学生较高级信息处理策略的使用。

学生的学习困难主要在于：对相关信息进行加工的精细化程度不够；注重结论记忆，但对导致该结论的原因缺乏认识；无法区分有关相似概念。建议：教师在理论讲解时用语规范、生动形象、深入浅出，防止学生忽视概念的重要性而只是机械地记诵一些抽象的、片段的文本知识。同时，在讲解时应抓住"重点"，突破"难点"，如在学习泡利原理和洪特规则这两个相似概念时，加强对比说明，避免学生对这些相似概念产生混淆，促进学生高效学习。教师需要不断拓展自己的认知结构，在完善自己的化学教学理论基础和化学史知识体系的同时，还应该广泛涉猎其他学科的知识。例如，在原子轨道和电子云、原子光谱等内容的教学中适当涉及物理学科相关内容的讲解，使学生体会化学学科的发展以及与其他学科间的紧密联系，提高学生的学习兴趣。

教师应以研究者的身份实施教学，重视"原子结构"知识体系中隐含的科学思维培养价值。仔细分析化学教学理论和教学实践，重视教学创新，培养学生的化学学科核心素养；在教学目标制订时，根据学生的已有认知分析，重视不同层级知识点间的进阶线索梳理，制订分层次教学目标；在教学时注重兴趣引导，充分运用多媒体技术、类比策略、化学史资源等，帮助学生实现精细化认知与整体性建构；在教学时注重多种教学方式的综合运用，选取并呈现各类支撑性信息素材(如数据图表、模型图、科学实验等)，引导学生基于信息素材进行有目的的分析、综合、推理与抽象，促进学生在"获得概念""建立规则"的同时，实现思维(认知能力)的训练与发展，实现有意义学习，如在原子轨道部分教学中可以采用三维动画展示原子轨道；在部分内容教学中注重教学创新，如在学习构造原理时可以编制一些小口诀或者构建一些与生活相关的模型帮助学生记忆学习；同时，适当的练习也很必要。"原子结构"中一些内容需要学生反复练习才能够熟练掌握，如电子排布式的书写和电子排布图的画法等，在书写练习这一"实际操作"中，学生才能进一步熟悉相关规则，领悟概念内涵。

第二节 元素周期律

本节所选择的课程内容为化学学科高中学段"元素周期表""元素周期律"等知识，使用的教科书为人民教育出版社《化学(必修2)》。被试群体为陕西省宝鸡市某中学同一化学教师任教的高一6班、11班、12班，按纸笔测试成绩高、中、低各抽取10名(依次界定为学优生、中等生、学困生)共30名学生，男女比例1：1。数据采集过程征得校方与教师允许后，记录教师讲授"元素周期表""元素周期律"相关章节的整个教学过程；教学结束一周后，对学生进行访谈，访谈前已向学生说明研究目的在于了解其相关的学习情况。

一、认知结构流程图

(一) 不同层次学生认知结构流程图

通过转录文本绘制 30 名学生的认知结构流程图。由于篇幅有限，只选择列出了学优生、中等生、学困生各一名学生代表的认知结构流程图，见图 3-4～图 3-6。

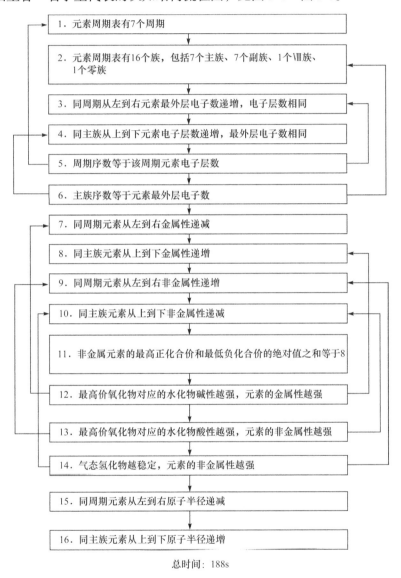

1. 元素周期表有7个周期

2. 元素周期表有16个族，包括7个主族、7个副族、1个Ⅷ族、1个零族

3. 同周期从左到右元素最外层电子数递增，电子层数相同

4. 同主族从上到下元素电子层数递增，最外层电子数相同

5. 周期序数等于该周期元素电子层数

6. 主族序数等于元素最外层电子数

7. 同周期元素从左到右金属性递减

8. 同主族元素从上到下金属性递增

9. 同周期元素从左到右非金属性递增

10. 同主族元素从上到下非金属性递减

11. 非金属元素的最高正化合价和最低负化合价的绝对值之和等于8

12. 最高价氧化物对应的水化物碱性越强，元素的金属性越强

13. 最高价氧化物对应的水化物酸性越强，元素的非金属性越强

14. 气态氢化物越稳定，元素的非金属性越强

15. 同周期元素从左到右原子半径递减

16. 同主族元素从上到下原子半径递增

总时间：188s

图 3-4　学优生的"元素周期律"认知结构流程图

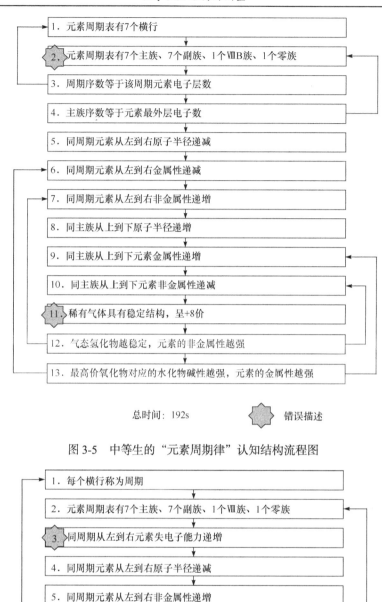

图 3-5　中等生的"元素周期律"认知结构流程图

总时间：192s　　错误描述

1. 每个横行称为周期
2. 元素周期表有7个主族、7个副族、1个Ⅷ族、1个零族
3. 同周期从左到右元素失电子能力递增
4. 同周期元素从左到右原子半径递减
5. 同周期元素从左到右非金属性递增
6. 原子核外电子排布决定它在元素周期表中的位置

总时间：164s　　错误描述

图 3-6　学困生的"元素周期律"认知结构流程图

认知结构的整体性：学优生关于"元素周期律"回忆的知识点的数目较多，知识之间的联系也比较丰富，认知结构的整体性相对比较完善；中等生和学困生相对来说认知结构的整体性有所欠缺，尤其是学困生回忆的知识点数目少，并且知识之间的网络联系也不紧密，认知结构需要进一步完善和优化。

认知结构的层次性：学优生关于"元素周期律"的知识描述基本顺序为元素周期表、元素周期律(最外层电子数、电子层数、金属性、非金属性、化合价、最高价氧化物酸/碱性、气态氢化物稳定性、原子半径),总的来说认知结构条理清楚、层次分明;中等生的描述基本框架为元素周期表、元素周期律(最外层电子数、电子层数、原子半径、金属性、非金属性等),思路清晰、条理清楚、层次分明;学困生的知识结构没有条理,层次性较差,很明显是知识的随意堆积,认知结构的层次性不足。

认知结构的广度和深度:学优生与中等生对元素周期律知识的回忆内容涵盖广、描述准确、详细,认知结构的深度和广度都比较大;相比之下,学困生的描述涵盖知识面更狭窄,对具体知识点描述的深度也不够,同时还存在错误描述,认知结构还需进一步完善和修正。

总体来说,从可视化图形定性分析学生认知结构的角度来看,学习成绩较好的学生的认知结构的整体性、层次性、深度和广度都比较好,认知结构相对比较完善,而成绩较差的学生的认知结构知识面狭窄,描述知识的思路不清晰,没有条理性,认知结构存在很大的缺陷,需要进一步提高和完善。

(二) 描述统计

对学生认知结构整体结果进行分析,三组学生认知结构变量和信息处理策略数据的平均值见表 3-6。

表 3-6　三组学生关于"元素周期律"的认知结构变量和信息处理策略整体结果

量化维度	类型	学优生	中等生	学困生
认知结构变量	广度	18.58	13.18	8.76
	丰富度	12.67	7.25	3.95
	整合度	0.41	0.30	0.24
	错误描述	0.52	1.71	2.56
	信息检索率	0.17	0.10	0.06
信息处理策略	定义	0.78	0.51	0.43
	描述	10.45	8.68	5.79
	比较和对比	3.26	1.96	1.15
	情景推理	1.75	0.82	0.58
	解释	2.34	1.21	0.81

由表 3-6 的认知结构变量统计可以看出,学优生的广度、丰富度、整合度、信息检索率最高,说明学优生的认知结构中知识点数目最多,知识间的联系也最紧密,整合度高,学优生能快速从头脑中不断回忆出知识点,层次清晰,并且少有错误,可推断出学优生对于该部分知识的理解基本到位,知识体系构建完整,其认知结构可看成是交叉的网状结构;中等生的广度、丰富度、整合度、信息检索率均低于学优生,即说明中等生认知结构中知识点的数目和深度较低,知识间联系不够紧密,中等生需要一定时间回忆大脑中的知识点,回答的错误率高于学优生,可推断出中等生对于该部分知识的理解较好,但对于部分内容掌握不够完善,其认知结构可看成是线面交叉型结构;学困生的广度、丰富度、整合度、信息检索率最低,说明学困生的认知结构中知识点数目最少且知识间缺乏联系,需要较长时间回忆知识,整合

度过低，可推断出学困生对于该部分知识理解不够，知识体系不完善，缺乏整合性，其认知结构可看成是线性结构。

由表 3-6 的信息处理策略统计可以看出，学优生的定义、描述、比较和对比、情景推理、解释均高于中等生和学困生，说明学优生对于该部分知识能够采用较多的信息处理策略来进行理解和记忆，对不同的知识采用不同的处理方式，说明学优生对该部分知识能够结合自身实际情况根据知识内容选择合理的信息处理策略进行学习，对知识的掌握较为完善；中等生次之，学困生较差。

二、相关性分析

(一) 认知结构变量与成绩的相关性分析

学生认知结构变量与纸笔测试成绩的相关性分析结果如表 3-7 所示。

表 3-7　学生"元素周期律"认知结构变量与纸笔测试成绩的相关性分析结果($N=30$)

	广度	丰富度	整合度	错误描述	信息检索率	成绩
广度		0.717^{**}	0.459	−0.109	0.772^{**}	0.948^{**}
丰富度			0.659^{**}	0.080	0.591^{**}	0.662^{**}
整合度				0.237	0.193	0.398
错误描述					0.223	−0.190
信息检索率						0.688^{**}
成绩						

$^{*}p<0.05$；$^{**}p<0.01$

由表 3-7 可以看出，学生的纸笔测试成绩与认知结构的广度、丰富度和信息检索率显著相关($p<0.01$)。纸笔测试成绩越高的学生，其认知结构中的知识越多，知识间的联系越密切，在一定刺激下，回忆相关知识时更加快速和灵活。

还可以看出，学生认知结构的广度和丰富度与信息检索率显著相关($p<0.01$)，这反映了学生在该领域构建的知识体系具有较强的系统性，其认知结构中概念网络层级分明、脉络清晰、联系紧密，因此其认知结构越完善、丰富，对知识的回忆也更加容易和快速；相应地，一些学生在该领域掌握的知识点比较少而且零散，无法形成有条理的系统化的知识之间的联系，最终导致对知识的回忆变得更加困难。

另外，学生认知结构的丰富度和广度也显著相关($p<0.01$)，这也从一定程度上表明学生对这一内容领域中新知识点(影响广度)的掌握往往是基于新、旧概念间的联系(影响丰富度)来实现的，其认知结构中相关知识点的系统化、分支化特征明显。例如，访谈中学生的认知结构表明，部分学生分别围绕"得失电子能力""金属性与非金属性""氧化性与还原性"等概念将其在同一周期、同一主族中的四条变化规律进行联系，形成分支化明显的认知结构表征。

(二) 信息处理策略与成绩的相关性分析

学生信息处理策略与纸笔测试成绩的相关性分析结果如表 3-8 所示。

表 3-8　学生"元素周期律"信息处理策略与纸笔测试成绩的相关性分析结果(N=30)

	定义	描述	比较和对比	情景推理	解释	成绩
定义		0.118	0.095	0.083	0.066	0.217
描述			0.188	0.523**	0.386*	0.558**
比较和对比				0.318	0.281	0.751**
情景推理					0.461*	0.725**
解释						0.546**
成绩						

*$p<0.05$；**$p<0.01$

由表 3-8 可以看出，学生的纸笔测试成绩与描述、比较和对比、情景推理、解释等信息处理策略显著相关($p<0.01$)，即学习成绩较好的学生在掌握该领域知识时，对除了"定义"以外的其他四种信息处理策略的运用都明显优于学习成绩较差的学生。这反映了对该内容领域知识的学习和掌握需要全面运用多种信息处理策略。

此外，还可以看出，学生信息处理策略中的描述和解释显著相关($p<0.05$)，即学生在对事实或现象描述时，同时也会强调指出现象或事实发生的特定条件并作出解释；另外，学生信息处理策略中的情景推理与解释显著相关($p<0.05$)，即学生不仅知道特定情境发生的现象或事实，还知道发生此件事情的根本原因，学生往往可以依据其对知识本质的掌握来理解或解释具体情境中的问题。例如，访谈中有的学生对离子半径大小中"序小径大""阴上阳下"等现象的描述，从限定条件——具有相同电子层结构的离子出发，通过"静电吸引力"和"粒子形成"等本质因素形象解释离子半径的大小，形成逻辑紧密的知识体系。

(三) 信息处理策略与认知结构变量的相关性分析

学生信息处理策略与认知结构变量的相关性分析结果如表 3-9 所示。

表 3-9　学生"元素周期律"信息处理策略与认知结构变量的相关性分析结果(N=30)

	定义	描述	比较和对比	情景推理	解释
广度	0.276	0.583**	0.841**	0.680**	0.514**
丰富度	0.284	0.678**	0.479**	0.489**	0.577**
整合度	0.048	0.290	−0.121	−0.004	0.238
错误描述	−0.041	0.024	−0.098	−0.195	0.060
信息检索率	0.171	0.598**	0.636**	0.464**	0.271

*$p<0.05$；**$p<0.01$

由表 3-9 可以看出，学生的信息处理策略不仅与学生的纸笔测试成绩有关，还与学生的认知结构变量有密切关系。关于"元素周期表和元素周期律"的知识内容，学生认知结构中的广度和丰富度均与描述、比较和对比、情景推理、解释等信息处理策略显著相关($p<0.01$)，说明对于知识的记忆以及构建知识之间的联系时倾向于采用描述、比较和对比、情景推理、解释等信息处理策略来进行阐述，即学生对不同知识的记忆和理解方式是多样的；同时，广度

和丰富度也是最多与信息处理策略水平显著相关的认知结构变量，说明学生经常采用多种策略方式基于新、旧知识间的联系理解记忆新知识和构建知识体系。

此外，认知结构的信息检索率与描述、比较和对比、情景推理显著相关($p<0.01$)，说明学生快速地回忆出知识是基于描述、比较和对比、情景推理的处理方式记忆理解该部分知识，即学生认为该部分知识采用描述、比较和对比、情景推理等处理策略能有效对知识进行整合。

三、基于认知结构测量的学习困难分析

根据学生的访谈测查出学生关于元素周期律内容的基本知识如表 3-10 所示。

表 3-10　关于"元素周期律"学生回忆的主要概念

类别	种类	学生回忆的主要知识	人数	百分数/%
元素周期表的结构	正确概念	每个横行称为周期	23	76.67
		元素周期表前三周期称为短周期，其他周期均为长周期	6	20.00
		元素周期表有 7 个横行，18 个纵行，但只有 16 个族，包括 7 个主族、7 个副族、1 个Ⅷ族、1 个零族	25	83.33
	迷思概念	元素周期表有 7 个主族、7 个副族、1 个ⅧB 族、1 个零族	4	13.33
元素周期表的编排原则	正确概念	原子核外电子排布决定它在元素周期表中的位置	3	10.00
		周期的序数等于该周期元素具有的电子层数	8	26.67
		主族序数等于该族元素的最外层电子数	5	16.67
元素周期律的定义、实质	正确概念	元素周期律：元素的性质随着元素原子序数的递增而呈周期性变化	1	3.33
		元素周期律的实质是原子核外电子的周期性变化	2	6.67
原子结构	正确概念	同周期元素从左到右最外层电子数递增，电子层数相同	10	33.33
		同主族元素电子层数递增，最外层电子数相同	13	43.33
	迷思概念	同周期元素电子层排布相同	3	10.00
原子半径	正确概念	同周期从左到右原子半径逐渐减小	24	80.00
		同主族从上到下原子半径逐渐增大	22	73.33
		"同主族从上到下原子半径逐渐增大"的原因：电子层数增加	1	3.33
	迷思概念	同周期从左到右原子半径逐渐增大	2	6.67

类别	种类	学生回忆的主要知识	人数	百分数/%
离子半径	正确概念	电子层数越多，离子半径越大	3	10.00
		阴离子半径大于原子半径，原子半径大于阳离子半径	7	23.33
		相同电子层数的离子，径大序小	7	23.33
	迷思概念	同一周期从左到右，离子半径逐渐减小	4	13.33
		具有相同电子层结构的离子，阳离子半径大于阴离子半径	2	6.67
化合价	正确概念	同周期元素从左到右最高正价逐渐升高	13	43.33
		主族元素最高正化合价等于其所处的族序数	13	43.33
		非金属元素的最高正化合价和它最低负化合价的绝对值之和等于8	10	33.33
		金属元素无负价，O、F无正价	5	16.67
		最高正价=最外层电子数	2	6.67
		最外层电子数越少，越易失电子，失多少电子就是多少化合价	1	3.33
	迷思概念	稀有气体是稳定结构，呈+8价	2	6.67
金属性	正确概念	同周期从左到右元素金属性递减	23	76.67
		同周期从左到右元素得电子能力递增	1	3.33
		同主族从上到下元素金属性递增	19	63.33
		同主族从上到下元素失电子能力递增	2	6.67
		最高价氧化物对应的水化物碱性越强，元素金属性越强	5	16.67
		一种金属能把另一种金属从它的盐溶液中置换出来，则前者金属性强	3	10.00
	迷思概念	元素金属性越强，还原性越强	4	13.33
		元素金属性越强，其氧化物对应的水化物碱性越强	3	10.00
非金属性	正确概念	同周期从左到右元素非金属性递增	24	80.00
		同主族从上到下非金属性递减	18	60.00
		最高价氧化物的水化物的酸性越强，元素的非金属性越强	3	10.00
		气态氢化物越稳定，元素的非金属性越强	8	26.67
		一种非金属单质能把另一种非金属元素从它的盐溶液或酸溶液中置换出来，则前者非金属性强	1	3.33
	迷思概念	元素的非金属性越强，最高价氢化物越不稳定	2	6.67
应用	正确概念	在金属和非金属的界限寻找半导体材料	1	3.33

从表 3-10 可见，"元素周期律"部分内容的学习困难具体表现如下：

(1) 元素周期表的结构：30 名学生中有 76.67%提及了周期的定义；20.00%描述了周期的分类；83.33%描述了元素周期表的横行和纵行的数目，以及族的分类与数目。但有 13.33%的学生在族的分类问题上出现了错误，这可能是由于Ⅷ族毗邻ⅦB 族，从而让学生产生了Ⅷ族属于副族的错误认识。

(2) 元素周期表的编排原则：提及此知识点的学生比例均低于 30.00%。这表明学生对元素周期表与原子结构之间的内在关联没有明确的认识。

(3) 元素周期律的定义、实质：30 名学生中只有 3.33%提及了元素周期律的定义；6.67%描述了元素周期律的实质，表明大多数学生认知结构中没有建构这部分知识。这一知识点决定了"元素周期律"内容的核心深度，而学生对此的欠缺可能在一定程度上导致学生在建构该领域认知结构时很少使用解释策略。

(4) 原子结构：10.00%的学生错误认为"同周期元素电子层排布相同"，说明部分学生对"电子层""电子层数""电子层结构"等概念没有实现有效区分。

(5) 原子半径：仅 3.33%的学生从原子结构角度解释了同主族元素原子半径递增的原因；6.67%的学生对同周期元素原子半径递变规律存在错误认识。

(6) 离子半径：学生掌握情况欠佳，能准确说出离子半径变化规律的学生较少(均小于30.00%)。另外，13.33%的学生将离子半径变化规律等同于原子半径递变规律，说明学生对于此知识点的理解存在问题，未能从离子半径形成的微观本质出发理解，易出现混淆和记忆不全等现象。

(7) 化合价：30 名学生中 43.33%描述了同周期元素最高正价的变化规律、比较了主族元素最高正化合价与其所处族序数的数量关系；仅 6.67%比较了元素最高正价与最外层电子数的关系，3.33%解释了得失电子与元素化合价之间的关系，这反映了学生注重规律的记忆而忽视产生规律的本质原因。6.67%的学生错误地认为"稀有气体是稳定结构，呈+8 价"。

(8) 金属性：30 名学生中 76.67%、63.33%分别描述了同周期、同主族元素金属性的递变规律，形成反差的是只有 3.33%、6.67%描述了同周期、主族元素得失电子的规律。这同样反映了学生注重规律的记忆而忽视产生规律的本质原因。另有 13.33%的学生错误认为"元素金属性越强，还原性越强"，其实是没有明确元素性质与单质性质的区别。10.00%的学生错误认为"元素金属性越强，其氧化物对应的水化物碱性越强"，属于"最高价氧化物对应的水化物"概念没有正确建构。

(9) 非金属性：30 名学生中有 80.00%、60.00%分别描述了同周期、同主族元素非金属性的递变规律；只有 10.00%、26.67%和 3.33%分别从最高价氧化物对应的水化物酸性强弱、气态氢化物稳定性和非金属单质的氧化性推理了元素非金属性强弱，说明大部分学生对于预测未知元素非金属性的程序性知识没有重视；6.67%的学生错误认为"元素的非金属性越强，最高价氢化物越不稳定"，说明部分学生对非金属元素气态氢化物稳定性的递变规律没有掌握。

(10) 应用：仅 3.33%的学生描述了元素周期律对于寻找半导体材料的指导作用。这说明学生在元素周期律的应用方面认知广度偏小。这与教师将"元素周期表与元素周期律的应用"内容处理为学生自学材料，并未详尽讲解有关。

四、教学策略

(一) 加强化学概念教学

"元素周期律"是极富统摄性的化学概念之一，蕴含了元素及其化合物性质递变性和周期性变化的本质原因。教学中，应着重指导学生通过实验探究、数据分析等形式观察、推理、概括出原子结构与元素性质变化规律的关系。对于元素的性质与单质的性质等学生容易等同的化学概念要进行分析、对比，明确其联系与区别；对于"最高价氧化物对应的水化物"等学生初次接触的化学概念要认真剖析其中的关键词，引导学生联系已有的知识理解新概念。

(二) 注重知识的结构化

《化学(必修 2)》中"元素周期律"知识是高中重要的化学理论知识之一，是对《化学(必修 1)》中元素及其化合物性质的规律性总结。教学中，一方面，要基于学生原有认知结构中元素及其化合物的知识，引导学生通过实验和事实发现同周期、同主族两个维度单质、化合物性质的递变规律，总结出元素周期律；另一方面，要用元素周期律将元素及其化合物知识统筹、分类，帮助学生将认知结构中的知识整合为有联系的整体，提高学生的信息检索率，增强学生认知结构的牢固性。

(三) 指导学生使用高水平信息处理策略

对于"元素周期律"知识，不仅要求学生识记元素与物质性质变化规律的陈述性知识，还要掌握预测、比较元素及其化合物性质的能力。教学中，教师应注意学生个体认知结构的差异和信息处理策略的选择习惯，指导学生使用较高水平的信息处理策略，对特定问题情境中的信息进行比较、推理，并尝试建立"位-构-性"相互关联的模型，以解释物质性质规律性变化的本质原因，强化"结构决定性质"的化学观念。

第四章　分子结构和化学键的认知结构与学习困难分析

化学是在分子层次上研究物质的科学，结构决定性质是高中化学教学的核心思想。分子由原子构成，在原子结构理论的基础上，建立了化学键的电子理论。"分子结构"是选修模块《物质结构与性质》中的重要组成部分，其中共价键类型、价层电子对互斥理论、常见的简单分子或离子的空间构型、杂化轨道理论及常见的杂化轨道类型等内容也是高考中的热点。大多数分子都是由共价键组成，而分子的立体结构和分子间的作用力也是理解分子结构与性质关系的重要内容。这一部分内容的学习能促进学生对物质结构的微观认识，从而更好地掌握其性质。"化学键"是现代化学键理论的核心，能帮助学生认识物质的微观构成，建构"化学反应本质即相邻原子间强烈相互作用力的打破与重建"的科学模型，是学生进一步学习物质结构和化学反应原理知识的核心基础。

由于"分子结构"和"化学键"的理论性强，内容较为抽象，对思维能力和想象能力的要求较高，部分教师对有些物构问题的理解存在模糊，甚至是片面的理解，以至于在教学中不能给学生一个满意的答案，造成学生对知识的理解存在困难或混乱，教学效果较差。学生在学习该部分知识的过程中存在不少学习困难，教师对于该部分内容也普遍存在畏惧心理，认为知识抽象难懂，不好进行教学。

对"分子结构"和"化学键"认知结构的测量以及学生学习困难的分析可以帮助教师发现学生在该部分知识点学习中存在的普遍问题，有利于教师改进教学策略，提高教学质量；可以帮助学生研究物质构成的奥秘和物质结构与性质之间的关系，培养学生"宏观辨识与微观探析"的化学学科核心素养。

第一节　分 子 结 构

本节所选择的课程内容为化学学科高中学段"分子结构"，使用的教科书为人民教育出版社《化学(选修 3)》。被试群体为新疆维吾尔自治区巴音郭楞蒙古自治州某中学同一化学教师任教的高二年级，按纸笔测试成绩高、中、低各抽取 10 名(依次界定为学优生、中等生、学困生)共 30 名学生。

一、认知结构流程图

(一) 不同层次学生认知结构流程图

通过转录文本绘制 30 名学生的认知结构流程图。由于篇幅有限，只选择列出了学优生、中等生、学困生各 1 名学生代表的认知结构流程图，见图 4-1～图 4-3。

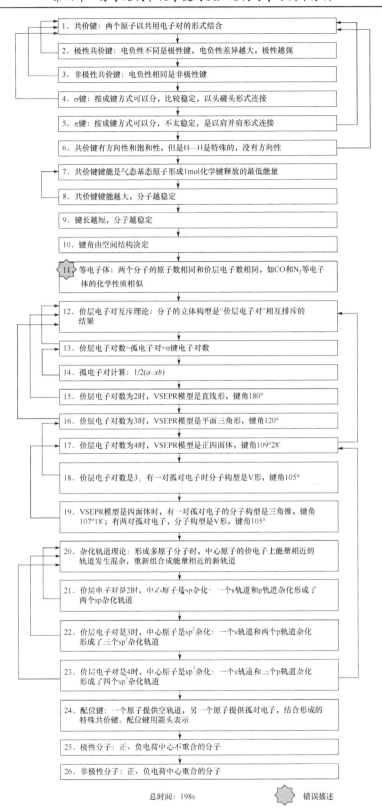

图 4-1 学优生的"分子结构"认知结构流程图

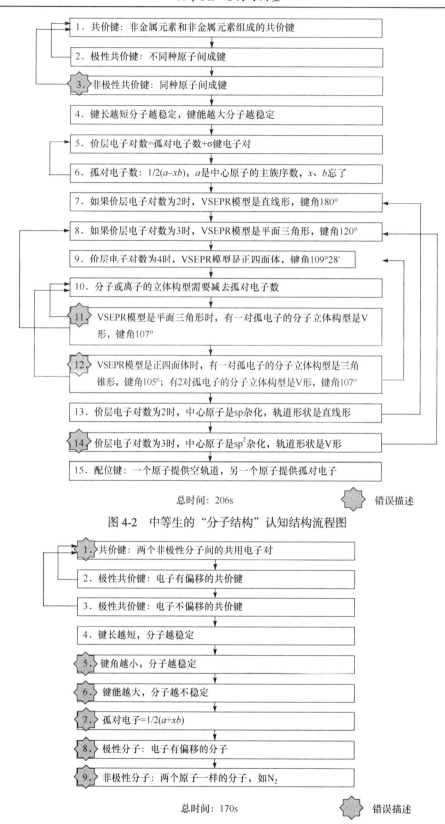

1. 共价键：非金属元素和非金属元素组成的共价键

2. 极性共价键：不同种原子间成键

3. 非极性共价键：同种原子间成键

4. 键长越短分子越稳定，键能越大分子越稳定

5. 价层电子对数=孤对电子数+σ键电子对

6. 孤对电子数：$1/2(a-xb)$，a是中心原子的主族序数，x，b忘了

7. 如果价层电子对数为2时，VSEPR模型是直线形，键角180°

8. 如果价层电子对数为3时，VSEPR模型是平面三角形，键角120°

9. 价层电子对数为4时，VSEPR模型是正四面体，键角109°28′

10. 分子或离子的立体构型需要减去孤对电子数

11. VSEPR模型是平面三角形时，有一对孤电子的分子立体构型是V形，键角107°

12. VSEPR模型是正四面体时，有一对孤电子的分子立体构型是三角锥形，键角105°；有2对孤电子的分子立体构型是V形，键角107°

13. 价层电子对数为2时，中心原子是sp杂化，轨道形状是直线形

14. 价层电子对数为3时，中心原子是sp^2杂化，轨道形状是V形

15. 配位键：一个原子提供空轨道，另一个原子提供孤对电子

总时间：206s　　　　　　　　　　错误描述

图4-2　中等生的"分子结构"认知结构流程图

1. 共价键：两个非极性分子间的共用电子对

2. 极性共价键：电子有偏移的共价键

3. 极性共价键：电子不偏移的共价键

4. 键长越短，分子越稳定

5. 键角越小，分子越稳定

6. 键能越大，分子越不稳定

7. 孤对电子=$1/2(a+xb)$

8. 极性分子：电子有偏移的分子

9. 非极性分子：两个原子一样的分子，如N_2

总时间：170s　　　　　　　　　　错误描述

图4-3　学困生的"分子结构"认知结构流程图

认知结构的整体性：学优生关于"分子结构"回忆的知识点的数目较多，知识之间的联系也比较丰富，认知结构的整体性相对比较完善；中等生和学困生相对来说认知结构的整体性有所欠缺，尤其是学困生回忆的知识点数目少，并且知识之间的网络联系也不紧密，认知结构需要进一步完善和优化。

认知结构的层次性：学优生对"分子结构"知识的回忆包括共价键、键参数、等电子体、价层电子对互斥理论、杂化轨道理论、配位键、极性分子和非极性分子，内容涵盖广，描述准确、详细，知识结构条理清楚、层次分明。中等生对分子结构知识的描述包括共价键、键参数、价层电子对互斥理论、杂化轨道理论、配位键，虽然涵盖知识点与学优生差不多，但是在对知识的描述上丰富度不及学优生，如对价层电子对互斥理论只知道 VSEPR 模型，却没有掌握分子或离子的立体构型，对键参数也只是知道规律性的描述，不知道相关概念的具体内涵，所以认知结构的深度和广度有所欠缺。相比之下，学困生的描述涵盖知识面更狭窄，认知结构没有条理，层次性较差，很明显是知识的随意堆积，关于"分子结构"内容的认知结构层次性不足。

认知结构的差异性：学优生回忆的"分子结构"知识点内容丰富，覆盖面广，不仅知道价层电子对互斥理论，还能准确掌握 VSEPR 模型和分子或离子的立体构型；对键参数的相关定义也有准确描述。中等生相关认知结构的广度、丰富度均不如学优生，不知道相关概念的具体内涵，知识点存在错误理解，回忆的知识点也没有学优生多。学困生对"分子结构"的认知只集中在共价键、键参数以及极性分子和非极性分子上，还存在许多错误概念，认知结构还需进一步修正和完善。

(二) 描述统计

对学生认知结构整体结果进行分析，三组学生认知结构变量和信息处理策略数据的平均值见表 4-1。

表 4-1　三组学生关于"分子结构"的认知结构变量和信息处理策略整体结果

量化维度	类型	学优生	中等生	学困生
认知结构变量	广度	20.20	15.30	11.00
	丰富度	19.90	7.00	3.20
	整合度	0.34	0.31	0.20
	错误描述	2.70	5.00	4.10
	信息检索率	0.12	0.09	0.07
信息处理策略	定义	5.2	2.5	1.7
	描述	14.7	11.0	7.3
	比较和对比	2.1	1.8	1.2
	情景推理	1.7	1.4	1.0
	解释	1.0	0.9	0

　　由表 4-1 可以看出，关于"分子结构"的认知结构变量，学优生明显优于中等生和学困生。学优生回忆的知识点的数目较多，知识之间的联系也比较丰富，认知结构的整体性相对比较完善，认知结构的整合度和信息检索率都比较高，错误描述也相对较少；虽然中等生各认知结构变量不如学优生好，但整合度基本和学优生差不多；学困生的错误描述低于中等生，出现这种情况的原因有可能是学困生整体回忆的知识点数较少，所以错误描述也相对较少。

　　关于"分子结构"的信息处理策略，学优生明显优于中等生和学困生，这说明学生学习成绩越好，越容易在学习过程中使用定义、描述、比较和对比、情景推理及解释等信息处理策略。例如，在访谈时学优生和中等生绝大多数都会采用解释信息处理策略，提到σ键比π键稳定是因为"头碰头"形式电子云重合程度大，难以断裂，而学困生未提及这一知识点。

二、相关性分析

(一) 认知结构变量与成绩的相关性分析

学生认知结构变量与纸笔测试成绩的相关性分析结果如表 4-2 所示。

表 4-2　学生"分子结构"认知结构变量与纸笔测试成绩的相关性分析结果($N=30$)

	广度	丰富度	整合度	错误描述	信息检索率	成绩
广度		0.921^{**}	0.670^{**}	-0.275	0.884^{**}	0.909^{**}
丰富度			0.845^{**}	-0.268	0.786^{**}	0.796^{**}
整合度				-0.120	0.607^{**}	0.583^{**}
错误描述					-0.197	-0.401^{*}
信息检索率						0.818^{**}
成绩						

$*p < 0.05$；$**p < 0.01$

　　从表 4-2 数据分析可以看出，除了认知结构中的错误描述，其他各维度均与成绩显著相关($p < 0.01$)。这说明相关认知结构中知识点的数量越多，知识之间的网络联系越紧密，能对知识点进行有效整合的学生更容易取得较高的纸笔测试成绩。并且，成绩高的学生对"分子结构"知识进行回忆时的效率明显高于其他学生。认知结构各维度之间也有密切的联系。广度、丰富度、整合度和信息检索率显著相关($p < 0.01$)，说明学生头脑中相关知识点的数量越多，知识点间的联系越多，越能进行有效整合。错误描述和成绩呈显著负相关($p < 0.05$)，说明一些成绩较差的学生在学习"分子结构"时，学习难度较大，往往伴随较多错误，所以出现错误描述的概率较大。

(二) 信息处理策略与成绩的相关性分析

学生信息处理策略与纸笔测试成绩的相关性分析结果如表 4-3 所示。

表 4-3　学生"分子结构"信息处理策略与纸笔测试成绩的相关性分析结果(*N*=30)

	定义	描述	比较和对比	情景推理	解释	成绩
定义		0.553**	0.208	0.552**	0.519**	0.793**
描述			0.536**	0.331	0.683**	0.707**
比较和对比				0.313	0.421*	0.410*
情景推理					0.395*	0.467**
解释						0.688**
成绩						

*$p<0.05$；**$p<0.01$

从表 4-3 中可以看出，学生学习成绩与定义、描述、情景推理和解释等策略的使用显著相关($p<0.01$)，同时还与比较和对比这一策略的使用相关($p<0.05$)，这说明对"分子结构"知识的建构需要学生全面发挥各层级信息处理策略的作用，同时说明学生学习成绩越好，越容易在学习过程中使用高级的信息处理策略。纸笔测试成绩较高的学生 A 对"分子结构"的认知建构中注重对情景推理和解释信息处理策略的使用，如根据共价键键能和键长的大小推理出分子的稳定性。解释分别与定义、描述策略的使用显著相关($p<0.01$)，这说明学生在建构"分子结构"认知结构时更倾向于联合使用定义、解释策略，或联合使用描述、解释策略。

(三) 信息处理策略与认知结构变量的相关性分析

学生信息处理策略与认知结构变量的相关性分析结果如表 4-4 所示。

表 4-4　学生"分子结构"信息处理策略与认知结构变量的相关性分析结果(*N*=30)

	定义	描述	比较和对比	情境推理	解释
广度	0.840**	0.829**	0.508**	0.500**	0.733**
丰富度	0.776**	0.789**	0.496**	0.422*	0.683**
整合度	0.482**	0.643**	0.319	0.277	0.611**
错误描述	−0.365*	−0.269	−0.323	−0.007	−0.205
信息检索率	0.770**	0.670**	0.287	0.420*	0.615**

*$p<0.05$；**$p<0.01$

从表 4-4 中可以看出学生关于"分子结构"认知结构的广度和丰富度与定义、描述、比较和对比、解释都显著相关($p<0.01$)，说明描述知识点越多、知识之间的网络联系越紧密、越能进行有效整合的学生采用了多种信息处理策略来表达他们的观点，也表明"分子结构"部分内容较为抽象，学生需要充分理解知识点，并进行有效迁移。认知结构的错误描述与定义之间呈负相关($p<0.05$)，说明善于合理使用定义这种信息处理策略可以减少错误概念的产生。认知结构的信息检索率与定义、描述和解释这几种信息处理策略显著相关($p<0.01$)，说明信息检索率较高的学生倾向于采用定义、描述和解释这几种信息处理策略来表达他们的观点。

三、基于认知结构测量的学习困难分析

根据学生的访谈测查出学生关于分子结构内容的基本知识如表 4-5 所示。

表 4-5　关于"分子结构"学生回忆的主要概念

类别	种类	学生回忆的主要知识	人数	百分数/%
共价键	正确概念	原子间通过共用电子对形成的相互作用力	19	63.33
		σ键：按成键方式分类，以"头碰头"形式连接，稳定性强	18	60.00
		π键：按成键方式分类，以"肩并肩"形式连接，稳定性较弱	18	60.00
		极性键：按共用电子对是否偏移划分，共用电子对偏移	26	86.67
		非极性键：按共用电子对是否偏移划分，共用电子对不偏移	26	86.67
		共价键有方向性和饱和性	18	60.00
	迷思概念	共价键：分子之间的作用力；非金属之间共用电子对；相同原子形成的共用电子对	5	16.67
		共价键有方向性、没有饱和性；没有方向性和饱和性	3	10.00
		σ键稳定性比π键弱	2	6.67
		非极性键：中心原子最外层电子数相等的是非极性共价键，极性键：中心原子最外层电子数不相等的是极性共价键	1	3.33
键参数	正确概念	共价键键能是其他基态原子形成 1mol 化学键释放的最低能量	3	10.00
		键能越大，形成化学键时释放的能量越多，化学键越稳定	25	83.33
		键长是形成共价键的两个原子间的核间距	0	0.00
		键长越短，键能越大，共价键越稳定	25	83.33
		在原子数超过 2 的分子中，两个共价键间的夹角称为键角	3	10.00
	迷思概念	键能：断键所需要的能量	1	3.33
		键能越大越不稳定	2	6.67
		键长越长越稳定	3	10.00
		键角越小越稳定	2	6.67
配位键	正确概念	"电子给予-接受键"一个原子提供空轨道，另一个提供孤对电子	12	40.00
	迷思概念	一个价层电子数没有达到稳定单方面缺最外层电子数，另一给它互补达到稳定	1	3.33

续表

类别	种类	学生回忆的主要知识	人数	百分数/%
等电子体	正确概念	原子总数相同，价层电子总数相同，具有相似的化学键特征的两种物质，如 CO 和 N_2	6	20.00
	迷思概念	电子数相同的物质，电子数相同、结构不同的物质，原子质量数相同、元素种类和化合价相同的物质，一个非金属与一个活泼金属互为等电子体	7	23.33
		互为等电子体的物质化学性质相似	5	16.67
		如 CO_2 和 NO、CO 和 SO_2、NO_2 和 CO_2	3	10.00
价层电子对互斥理论	正确概念	价层电子对互斥理论：分子的立体构型是"价层电子对"相互排斥的结果	2	6.67
		中心原子的价层电子对数=σ键电子对数+孤对电子数	18	60.00
		σ键电子对数：与中心原子相连的原子个数	8	26.67
		孤对电子数：$1/2(a-xb)$，a 为中心原子价电子数，x 为与中心原子相连的原子个数，b 为与中心原子结合的原子最多能容纳的电子数	15	50.00
		价层电子对数为 2，VSEPR 模型是直线形，键角为 180°	21	70.00
		价层电子对数为 3 时，VSEPR 模型是平面三角形，键角为 120°	16	53.33
		价层电子对数为 4 时，VSEPR 模型是正四面体，键角为 109°28′	20	66.67
		分子或离子的立体构型判断时需要减去孤对电子数	15	50.00
		价层电子对数为 3 时，分子或离子的立体构型为平面三角形(没有孤对电子)或 V 形(有一对孤对电子)，键角分别为 120°和 105°	8	50.00
		价层电子对数为 4 时，分子或离子立体构型有正四面体(没有孤对电子)、三角锥形(有一对孤对电子)和 V 形(有两对孤对电子)，键角分别为 109°28′、107°18′和 105°	2	26.67
	迷思概念	价层电子对=σ电子对+配位数；价层电子对数=$1/2(a-xb)$	12	6.67
		孤电子对数=$(a-xb)$，孤对电子=$1/2(a+xb)$，a 是得电子的原子主族，x 忘了、x 是与它成对的电子个数，b 是与中心原子结合的电子数、b 是 8……、b 不清楚、b 是吸引的电子数、b 是 H 是 1，其他是 8-1、b 是原子的化合价	2	40.00

续表

类别	种类	学生回忆的主要知识	人数	百分数/%
价层电子对互斥理论	迷思概念	σ键电子对数等于分子个数	5	6.67
		价层电子对数为2时,VSEPR模型是V形,键角105°、120°,如H_2O	9	16.67
		价层电子对数为3时,VSEPR模型是V形、三角锥形,键角105°、107°18′、107°	6	30.00
		价层电子对数是4时,VSEPR模型是四边形、三角锥,键角是105°、107°27′、109°27′	1	20.00
		价层电子对数为3时,有一对孤对电子立体构型是直线形、三角锥形,键角是107°、120°、108°、109°	10	33.33
		价层电子对数是4时有一对孤对电子时分子构型是平面三角形、V形、正四面体,键角是107°27′、105°、109°、107°,有2对孤对电子时分子构型是平面三角形、直线形,键角是107°、109°	16	53.33
杂化轨道理论	正确概念	杂化轨道理论:形成多原子分子时,中心原子的价电子上能量相近的轨道发生混杂重新组合成能量相近的新轨道	4	13.33
		价层电子对数为2时,中心原子轨道为sp杂化,杂化轨道形状是直线形	7	23.33
		价层电子对数为3时,中心原子轨道为sp^2杂化,杂化轨道形状是平面三角形	9	30.00
		价层电子对数为4时,中心原子轨道为sp^3杂化,杂化轨道形状是正四面体	5	16.67
	迷思概念	sp杂化轨道形状为球形、角形、哑铃形	3	10.00
		sp^2杂化轨道形状为V形	1	3.33
		sp^3杂化轨道形状为三角锥	1	3.33
极性分子与非极性分子	正确概念	极性分子:正、负电荷中心不重合的分子	8	26.67
		非极性分子:正、负电荷中心重合的分子	7	23.33
	迷思概念	极性分子:由不同种元素构成的分子、电子对有偏移的分子	4	13.33
		非极性分子:由同种元素构成的分子、电子对没有偏移分子、两个原子相同的物质	5	16.67

(1) 共价键:学生整体掌握的情况较好,提到共价键的定义、σ 键、π 键、极性键、非极

性键、共价键的方向性和饱和性的人数较多(63.33%、60.00%、60.00%、86.67%、86.67%、60.00%)。存在的迷思概念是共价键的定义、方向性和饱和性的判断、σ键和π键稳定性、极性键和非极性键，人数相对较少(16.67%、10.00%、6.67%、3.33%)。出现这种情况的原因有可能是学生在学习时对概念的定义记忆不清，对方向性、饱和性以及σ键和π键稳定性的判断尚未理解。

(2) 键参数：学生关于键能、键长及键角的定义掌握欠佳(10.00%、0.00%、10.00%)，关于键能、键长对共价键稳定性的影响掌握较好(83.33%、83.33%)。存在的迷思概念是键能的定义，键能、键长和键角与稳定性的关系，但人数很少(3.33%、6.67%、10.00%、6.67%)。

(3) 配位键：学生关于配位键的定义理解欠佳(40.00%)，存在迷思概念，但只是个别学生(3.33%)。

(4) 等电子体：学生关于等电子体的定义掌握不好(20.00%)，存在的迷思概念是相关定义、相似特征以及不能正确举例说明(23.33%、16.67%、10.00%)。

(5) 价层电子对互斥理论：学生关于价层电子对互斥理论和σ键电子对数的定义、价层电子对数为4时对应的分子或离子的立体构型掌握人数较少(6.67%、26.67%、26.67%)；关于关系式、孤对电子数的计算方法，价层电子对数为2、3、4时对应的VSEPR模型，分子立体构型判断方法，以及价层电子对数为3时对应的分子或离子的立体构型正确描述的人数较多(60.00%、50.00%、70.00%、53.33%、66.67%、50.00%、50.00%)。存在的迷思概念是关于关系式的表达有误，孤对电子数，σ键电子对数含义理解不清，价层电子对数为2、3、4时对应的VSEPR模型及键角表述有误，分子立体构型判断有误，以及价层电子对数为3时对应的分子或离子的立体构型描述错误。

(6) 杂化轨道理论：学生提到关于杂化轨道理论内涵，中心原子为2、3、4时中心原子杂化轨道类型的人较少(13.33%，23.33%，30.00%，16.67%)，特别是杂化轨道理论的内涵。存在的迷思概念是sp、sp^2、sp^3杂化轨道形状描述错误(10.00%、3.33%、3.33%)。

(7) 极性分子与非极性分子：学生掌握的情况欠佳，准确描述极性分子、非极性分子定义的学生人数较少(26.67%、23.33%)。存在的迷思概念是将极性分子、非极性分子的定义与极性键、非极性键定义混淆(13.33%、16.67%)。

综上所述，学生学习"分子结构"的困难主要体现在两个方面：①对于定义、概念等知识点，学生的记忆不够准确，如对于孤对电子数表达式的字母所代表的含义掌握不清，等电子体的定义以及性质识记不清等；②学生知道导致某一结论的影响因素，但不知道具体产生何种影响以及相应的结果，如知道孤对电子会影响分子立体构型，但不能正确表述具体影响结果。

四、教学策略

(一) 完善学生的认知结构

通过对认知结构变量与成绩的相关性分析可以看出，学生头脑中知识点越多，知识之间的联系越多，认知结构的整体性越强，在一定环境刺激下，学生越容易回忆起更多的知识。学生能将已有知识有效地联系起来，形成一定的有组织、有层次的网状结构，在解决问题时才能够有效地提取和选择有用的信息。"分子结构"的相关概念原理比较抽象难懂，学生只有将其理解记忆之后才能灵活应用。

例如，关于价层电子对互斥理论和杂化轨道理论、孤对电子数的定义以及计算方式、VSEPR 模型和分子立体构型等知识点都需要学生进行理解后才能进一步应用学习。认知结构是教学的起点，也是教学要达到的最终目标，教师在教学中应充分重视学生认知结构的分析。因此，教师应该首先帮助学生完善自身认知结构，在讲解理论知识时应结合学生的认知水平，由浅入深，由易到难，使用生动形象的教学策略，让学生更好地理解知识点，避免死记硬背。

(二) 提高学生的信息处理水平

通过对信息处理策略与成绩的相关性分析可以看出，频繁采用低水平信息处理策略的学生在学习知识时总倾向于死记硬背，从而导致知识结构的不稳定性和不清晰性，不利于知识的积极迁移，从而影响学生的学习效果。

因此，教师在充分了解学生组织知识的方式后，在教学过程中可以帮助学生提高信息处理水平，建构更加完善的知识结构。教师在实施教学时应注重教学实践和教学创新。例如，在讲解 VSEPR 模型、分子立体构型及杂化轨道时可以结合模型图、三维动画等教学手段辅助教学，帮助学生理解复杂的理论概念，学会利用情景推理和解释等逻辑水平较高的信息处理策略，同时在相关知识点的讲解时可以构建一些与生活相关的模型加强学生的记忆。

(三) 加强基础教学，实现有意义学习

通过对学生访谈内容的分析可以看出，学生在对具体知识的理解方面存在很多不足和迷思概念。造成这些问题的原因可能是在教学中遇到学生暂时不能理解的内容，教师就会要求学生记结论或是做题技巧，忽略了学生对知识本质和内容的理解。

例如，关于分子或离子的立体构型及 VSEPR 模型的运算，很多教师在讲解后学生仍不能理解的情况下，就要求学生直接记结论，造成了学生在今后的学习中不能很好地将知识建立有效的联系，知识之间不能积极迁移。因此，教师在教学中应重视对基础知识和原理的教学，帮助学生理解知识，打好基础，养成良好的学习习惯，实现有意义学习。

第二节 化 学 键

本节所选择的课程内容为化学学科高中学段"化学键"，使用的教科书为人民教育出版社《化学(必修 2)》。被试群体为新疆维吾尔自治区昌吉回族自治州某中学同一化学教师任教的高一 1 班、4 班，按纸笔测试成绩高、中、低各抽取 10 名(依次界定为学优生、中等生、学困生)共 30 名学生。

一、认知结构流程图

(一) 不同层次学生认知结构流程图

学优生、中等生、学困生中各取一名学生代表的认知结构流程图分别如图 4-4、图 4-5、图 4-6 所示。

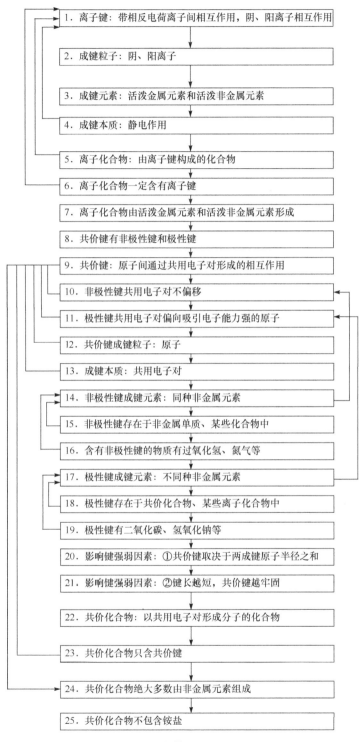

1. 离子键：带相反电荷离子间相互作用，阴、阳离子相互作用

2. 成键粒子：阴、阳离子

3. 成键元素：活泼金属元素和活泼非金属元素

4. 成键本质：静电作用

5. 离子化合物：由离子键构成的化合物

6. 离子化合物一定含有离子键

7. 离子化合物由活泼金属元素和活泼非金属元素形成

8. 共价键有非极性键和极性键

9. 共价键：原子间通过共用电子对形成的相互作用

10. 非极性键共用电子对不偏移

11. 极性键共用电子对偏向吸引电子能力强的原子

12. 共价键成键粒子：原子

13. 成键本质：共用电子对

14. 非极性键成键元素：同种非金属元素

15. 非极性键存在于非金属单质、某些化合物中

16. 含有非极性键的物质有过氧化氢、氮气等

17. 极性键成键元素：不同种非金属元素

18. 极性键存在于共价化合物、某些离子化合物中

19. 极性键有二氧化碳、氢氧化钠等

20. 影响键强弱因素：①共价键取决于两成键原子半径之和

21. 影响键强弱因素：②键长越短，共价键越牢固

22. 共价化合物：以共用电子对形成分子的化合物

23. 共价化合物只含共价键

24. 共价化合物绝大多数由非金属元素组成

25. 共价化合物不包含铵盐

总时间：201s

图 4-4　学优生的"化学键"认知结构流程图

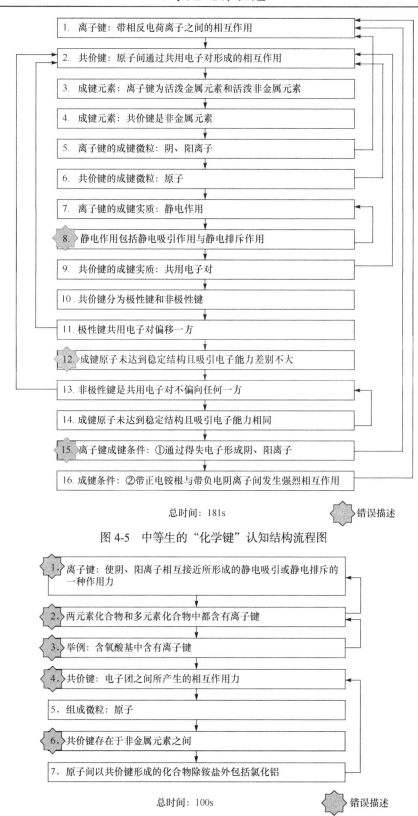

1. 离子键：带相反电荷离子之间的相互作用

2. 共价键：原子间通过共用电子对形成的相互作用

3. 成键元素：离子键为活泼金属元素和活泼非金属元素

4. 成键元素：共价键是非金属元素

5. 离子键的成键微粒：阴、阳离子

6. 共价键的成键微粒：原子

7. 离子键的成键实质：静电作用

8. 静电作用包括静电吸引作用与静电排斥作用

9. 共价键的成键实质：共用电子对

10. 共价键分为极性键和非极性键

11. 极性键共用电子对偏移一方

12. 成键原子未达到稳定结构且吸引电子能力差别不大

13. 非极性键是共用电子对不偏向任何一方

14. 成键原子未达到稳定结构且吸引电子能力相同

15. 离子键成键条件：①通过得失电子形成阴、阳离子

16. 成键条件：②带正电铵根与带负电阴离子间发生强烈相互作用

总时间：181s　　　　　　　　　　错误描述

图 4-5　中等生的"化学键"认知结构流程图

1. 离子键：使阴、阳离子相互接近所形成的静电吸引或静电排斥的一种作用力

2. 两元素化合物和多元素化合物中都含有离子键

3. 举例：含氧酸基中含有离子键

4. 共价键：电子团之间所产生的相互作用力

5. 组成微粒：原子

6. 共价键存在于非金属元素之间

7. 原子间以共价键形成的化合物除铵盐外包括氯化铝

总时间：100s　　　　　　　　　　错误描述

图 4-6　学困生的"化学键"认知结构流程图

认知结构的整体性：关于化学键，三名学生的思维模式有很大差异，学优生和中等生回忆的知识点数量较多，知识点之间的联系也很丰富，知识间有很好的系统性。而学困生只回忆出 7 个知识点，整体性较差，需要进一步改进。从整体性分析，三者思维模式各有特色。

认知结构的层次性：关于化学键的基本知识，学优生基本遵循离子键(定义、成键粒子、成键元素)、离子化合物(定义、成键粒子、含有的键型、成键元素)、共价键(分类、定义、极性键和非极性键定义、共价键的成键粒子、成键本质)、共价化合物，层次性好；中等生遵循离子键与共价键的对比叙述(定义、成键元素、成键微粒、成键实质)、离子键特点、极性键和非极性键(定义、吸引电子能力)、离子键成键条件，但是在描述离子键与共价键时插入离子键的特点和共价键的分类，思维比较混乱，层次性略显不足；学困生遵循离子键、共价键，描述知识点太少，没有体现出层次性。

认知结构的深度和广度：学优生认知结构中涵盖的知识点最多，包括离子键、离子化合物、共价键、共价化合物；相比学优生，中等生没有描述离子化合物和共价化合物，但提到了离子键的特点和离子键、共价键的成键条件，所以学优生和中等生认知结构的深度和广度比较大；学困生关于化学键知识的描述只有 7 条，其中 5 条还是错误的，认知水平明显低，需进一步改进和优化。

(二) 描述统计

对学生认知结构整体结果进行分析，三组学生认知结构变量和信息处理策略数据的平均值见表 4-6。

表 4-6 三组学生关于"化学键"的认知结构变量和信息处理策略整体结果

量化维度	类型	学优生	中等生	学困生
认知结构变量	广度	24.2	16.7	8.92
	丰富度	17.98	10.92	3.43
	整合度	0.43	0.40	0.28
	错误描述	0.69	2.35	4.43
	信息检索率	0.13	0.09	0.07
信息处理策略	定义	3.75	2.07	1.06
	描述	17.69	9.32	3.97
	比较和对比	0.46	0.29	0.10
	情景推理	3.68	2.85	0.08
	解释	0.52	0.30	0.08

由表 4-6 可以看出，关于"化学键"的认知结构变量，学优生明显优于中等生和学困生，学优生描述的知识点多于中等生和学困生，知识点之间的联系也比较丰富，认知结构的整合度和信息检索率都比较高，并且认知结构流程图中错误描述只有 0.69，说明在这一组中学生的错误描述基本为 0~1，错误较少；虽然中等生各认知结构变量成绩不如学优生好，但整合

度基本和学优生差不多；相比而言，学困生的广度、丰富度、整合度、信息检索率都比较低，并且对知识的描述中有很多错误描述。在访谈中也发现学困生不能连续地描述知识点，在访谈中，每回忆一个知识点需要很长的时间来思考，认知结构比较混乱，在一定的环境刺激下，不能有效地回忆和组织知识，所以认知结构的变量较低，需要进一步完善和建构认知结构。

关于"化学键"的信息处理策略，学优生明显优于中等生和学困生，学优生回忆的定义多于中等生和学困生，如学优生大多会提到离子键、离子化合物、共价键、共价化合物等，中等生大多提到离子键和共价键等，学困生或者提到离子键，或者提到共价键；对于事实或现象的描述、比较和对比，学优生都优于中等生和学困生；对于建构该领域知识时学优生更善于运用情景推理信息处理策略。对情景推理策略的更好使用反映了学优生在该领域知识学习中更善于关注概念的本质原因，更善于将实例与概念相结合，这对于学优生理解相关抽象概念、提高认识深度有帮助。

二、相关性分析

(一) 认知结构变量与成绩的相关性分析

学生认知结构变量与纸笔测试成绩的相关性分析结果如表 4-7 所示。

表 4-7　学生"化学键"认知结构变量与纸笔测试成绩的相关性分析结果(N=30)

	广度	丰富度	整合度	错误描述	信息检索率	成绩
广度		0.934^{**}	0.191	−0.616	0.371^{*}	0.949^{**}
丰富度			0.040	−0.583	0.239	0.887^{**}
整合度				−0.148	0.085	0.156
错误描述					0.065	−0.166
信息检索率						0.228
成绩						

$*p<0.05$；$**p<0.01$

由表 4-7 可看出，关于"化学键"主题，学生的纸笔测试成绩与认知结构中广度、丰富度显著相关($p<0.01$)，成绩越高的学生，其认知结构中知识点越多，知识点之间的联系也越多，即学生能将知识点总结出来，并能将已有知识有效地联系起来，在解决问题时便能够有效地提取和选择有用的信息。

学生认知结构的广度与丰富度显著相关($p<0.01$)，这说明学生学习过程中较多地依据新知识与已有知识之间的联系实现对新知识的建构。例如，学优生相关认知结构中显示出其对"共价键""极性键""非极性键""共价键成键本质"等系列概念的理解过程中，以共价键的内涵为起点，以其内涵中的"共用电子对"信息为新、旧概念联系的有效节点，依次建构其他相关概念，其认知结构中知识数量增加的同时，知识间的联系也相应增强。

(二) 信息处理策略与成绩的相关性分析

学生信息处理策略与纸笔测试成绩的相关性分析结果如表 4-8 所示。

表 4-8 学生"化学键"信息处理策略与纸笔测试成绩的相关性分析结果(N=30)

	定义	描述	比较和对比	情景推理	解释	成绩
定义		0.246	−0.339	0.136	0.406	0.309
描述			0.327	0.526**	0.326	0.413*
比较和对比				0.262	0.088	0.326
情景推理					0.134	0.716**
解释						0.350
成绩						

*$p < 0.05$; **$p < 0.01$

由表 4-8 可看出,关于"化学键"主题,学生的纸笔测试成绩与描述、情景推理呈正相关,尤其与情景推理显著相关($p < 0.01$),即在建构该领域知识时更善于运用情景推理信息处理策略的学生更可能获取高成绩。对情景推理策略的更好使用反映了学生在该领域知识学习中更善于关注概念的本质原因,更善于将实例与概念相结合,这对于学生理解相关抽象概念、提高认识深度有帮助。

此外,还可以看出,情景推理与描述显著相关($p < 0.01$),说明学生在建构"化学键"认知结构时更倾向于描述和情景推理策略的综合使用。例如,在描述离子键或共价键形成过程时学生都会描述为阴、阳离子接近到某一距离,吸引与排斥达到平衡,就形成了离子键。

(三) 信息处理策略与认知结构变量的相关性分析

学生信息处理策略与认知结构变量的相关性分析结果如表 4-9 所示。

表 4-9 学生"化学键"信息处理策略与认知结构变量的相关性分析结果(N=30)

	定义	描述	比较和对比	情景推理	解释
广度	0.365*	0.910**	0.308	0.745**	0.324
丰富度	0.378*	0.853**	0.333	0.766**	0.167
整合度	−0.286	0.418*	0.034	0.033	0.027
错误描述	0.062	0.263	−0.083	0.143	0.090
信息检索率	−0.148	0.156	0.325	0.194	0.075

*$p < 0.05$; **$p < 0.01$

从表 4-9 可看出,关于"化学键"主题,学生对情景推理高水平信息处理策略的使用与其认知结构的广度、丰富度显著相关($p < 0.01$),印证了学生对基础知识全面、深入的掌握是其进行知识灵活运用的基本前提。学生对描述策略的使用与其认知结构的广度、丰富度、整合度呈正相关($p < 0.01$,$p < 0.05$),这说明学生对"化学键"主题中相关知识点进行整合时更多地使用了描述策略建立知识之间的联系。高水平的解释策略与认知结构变量无显著相关关系,暗示在学习"化学键"知识时,学生很少使用解释策略。这反映出学生在建构相关知识时,较少关注知识本身的来龙去脉,对具体知识的形成原因或其可能导致的进一步结果缺乏深入理解和认识,也可能是教师受教学进度的制约,在教学的过程中,没有对相关知识进行透彻的讲解,如对离子键、共价键本质的讲解有所欠缺,导致学生对知识的实质不能掌握,造成学生只知其然不知其所以然。

三、基于认知结构测量的学习困难分析

根据学生的访谈测查出学生关于化学键内容的基本知识如表 4-10 所示。

表 4-10　关于"化学键"学生回忆的主要概念

类别	种类	学生回忆的主要知识	人数	百分数/%
离子键	正确概念	定义：带相反电荷离子之间的相互作用	23	76.67
		成键微粒：阴、阳离子	12	40.00
		成键元素：活泼金属(ⅠA、ⅡA)和活泼非金属(VIA、ⅦA)	5	16.67
		成键本质(方式)：静电作用，阴、阳离子间的静电引力与电子之间、原子核之间斥力达到平衡时的作用力	8	26.67
		形成过程：阴、阳离子接近到某一距离，吸引与排斥达到平衡，就形成了离子键	5	16.67
		离子化合物：由离子键构成的化合物	20	66.67
		离子化合物在熔融状态时一定导电	3	10.00
	迷思概念	定义：离子键是由电子转移形成的正电子和负电子之间由于静电引力形成的化学键	1	3.33
		离子键主要是两个离子之间的相互作用形成的	1	3.33
		离子键是一种使阴、阳离子相互接近所形成的静电吸引或静电排斥的作用力	4	13.33
		成键微粒：它的组成微粒在阴、阳离子间	4	13.33
		组成微粒是阴离子或阳离子	2	6.67
		成键本质：静电作用，静电作用就是静电吸引和静电排斥	7	23.33
		离子键的本质是离子键的作用力强，没有饱和性，没有方向性	1	3.33
		形成过程：形成中都存在电子的得失	1	3.33
共价键	正确概念	定义：原子间通过共用电子对形成的相互作用	19	63.33
		成键微粒：原子	15	50.00
		成键元素：非金属元素	12	40.00
		成键本质：共用电子对	9	30.00
		形成条件：同种或不同种非金属元素原子结合；部分金属与非金属原子($AlCl_3$)	4	13.33
		共价键分类：极性键(电子对发生偏移)和非极性键(电子对不发生偏移)	10	33.33

类别	种类	学生回忆的主要知识	人数	百分数/%
共价键	正确概念	共价化合物定义：以共用电子对形成分子的化合物	11	36.67
	迷思概念	定义：通过共用电子对形成的相互作用	1	3.33
		是化学键的一种，两个或多个原子共同使用，它们的外层电子在理想情况下达到电子饱和的状态，由此组成比较稳定的电荷坚固的化学结构称为共价键	1	3.33
		电子团之间所产生的相互作用力	1	3.33
		共价键分为共价化合物	1	3.33
化学键	正确概念	定义：使离子相结合或原子相结合的作用力	3	10.00
		化学反应实质：旧键的断裂，新键的形成	4	13.33
		化学键与物质类别规律	4	13.33
电子式	正确概念	定义：在元素符号周围用"·""×"来表示原子最外层电子	1	3.33
		电子式的书写	2	6.67
分子间作用力、氢键	正确概念	定义	5	16.67
		对熔、沸点的影响	1	3.33

由表 4-10 可见，学生对如下具体概念的正确描述的比例较高(超过 33.33%)：离子键的定义(76.67%)、离子键的成键微粒(40.00%)、离子化合物的定义(66.67%)、共价键的定义(63.33%)、共价键的成键微粒(50.00%)、共价键的成键元素(40.00%)。这些概念或知识点可以看作学生头脑中所真正认可的"化学键"内容的重点。相比之下，学生对化学键的定义(10.00%)、离子键的成键本质(26.67%)、共价键的成键本质(30.00%)、化学反应的实质(13.33%)等重要知识点的提及率较低，这些概念反映了学生头脑中对相关内容的忽视或模糊。上述两方面结果反映出学生在"化学键"的学习过程注重对概念定义文字表述的记忆，体现出较强的概念诠释教学的痕迹，而对相关概念的深层理解欠缺，对概念所蕴含的学科观念的认识欠缺(如不重视化学键视角下对化学反应本质的解读)，尤其缺少从微观结构层面对概念进行内化和掌握。

学生的迷思概念包括：离子键的形成过程(3.33%)、离子键的成键本质(23.33%)、离子键的成键微粒(13.33%)等重要概念或知识点。这反映出学生只注重对基本概念的记忆，忽视了概念的内涵与外延。

四、教学策略

(1) 学生更倾向于运用描述和情景推理策略建立"化学键"知识之间的联系。"化学键"内容大多是理论性的知识和概念，如果直接将化学键知识传授给学生，学生就不能准确理解化学键的本质特征及形成过程，达不到良好的教学效果。建议：教师应创设具体有效的情境，设置阶梯性问题，引发学生讨论和思考，通过探究刺激学生在各种情境下主动感知事实、重现已有的基本知识和技能，为学习化学键概念奠定基础。

(2) 学生头脑中对相关内容等重视不够，只注重对基本概念的记忆，忽视了概念的内涵与外延。建议：教师在教学过程中应明确教学目标，教会学生仔细分析概念定义中句子的成分，抓住要领整理清楚概念的内涵及概念之间的相互关系，由浅入深，由易到难，从简单到复杂，逐渐加深对相关概念的认识和理解，把握好知识的广度和深度，掌握好处理知识的分寸。

(3) 学生的"化学键"认知结构存在错误概念。"化学键"是高中化学中重要的抽象概念之一，相关概念处于微观层面，学生由于没有建立起空间想象能力，在定义、成键微粒和本质等方面出现错误。建议：教师应运用直观教学手段，培养学生的空间想象能力，教师在教学中应培养学生对客观事物的空间形式(形状、结构及位置关系等)进行观察、分析、抽象、概括，在头脑中形成反映客观事物的形象和图形。要使抽象内容直观化，教师可选择各类教学资源，如加强多媒体技术在微观教学中的应用，使学生更加直观地了解各种化学键的本质和特点，避免学生在思维想象时出现偏差，培养学生的空间想象能力。

第五章　化学反应速率和化学平衡的认知结构与学习困难分析

"化学反应速率"是化学动力学知识在中学阶段的重要体现，也是高中化学教学的重点和难点。对化学反应速率的学习能够帮助学生全面认识"化学反应的发生规律"，深入理解化学反应的本质，综合认识化学反应原理与化工生产技术之间的关系，系统考虑化学反应控制的思想与原理。在高中阶段，化学反应速率也是学生在定性理解化学反应限度的基础上学习化学平衡(包括电离平衡、水解平衡、沉淀溶解平衡等)的必要支撑，是学生分析复杂化学反应体系的有效角度和思维工具。"化学平衡"同样是化学反应原理的重要内容，是中学阶段学生初步学习和应用化学热力学及化学动力学知识的主阵地。中学化学课程中，化学平衡一般包括两方面内容：①化学平衡概念、原理(如勒夏特列原理)等核心理论；②包括电离平衡、水解平衡及沉淀溶解平衡等在内的各类化学平衡体系。从知识所承载的化学观念及其课程功能来看，化学平衡是学生建立"变化观"的核心载体，能够帮助学生从热力学与动力学视角加深对化学反应(变化)本质的认识，帮助学生加深对科学理论与社会生产实践之间差异的认识，促进学生化学定量思维的形成及计算能力的提高。

已有的相关研究多致力于课堂教学设计、实验改进、迷思概念及相关试题分析等方面。在实际教学过程中，学生对"化学反应速率"、"化学平衡"存在掌握不良的情况，导致学生化学反应原理知识体系的欠缺或漏洞。又由于该部分内容抽象，学生在学习过程中，往往受思维定势的干扰，不能正确地掌握本章的基本概念。例如，因受宏观物体运动速率的影响，不易理解化学反应速率表达的多样性；因受文字的暗示，不易理解化学平衡状态正、逆反应速率相等的意义；因受思维惯性的影响，不易理解正反应速率的加快并不意味着平衡发生移动或一定向正反应方向移动。总的来讲，该部分内容在教学中存在诸多困难。

基于对"化学反应速率"、"化学平衡"的重要性和教学实际困难的分析，准确地测量学生的学习困难和思维过程，对课堂教学大有裨益。本章基于流程图法，对学生学习该主题的认知结构进行诊断，分析研究学生对于化学反应速率及化学平衡的学习中所存在的学习困难，教师将能更有针对性地组织该主题的学习材料、设计教学活动，从而促进学生的有意义学习。同时，也有助于学生认识化学反应原理，培养学生"变化观念与平衡思想"的化学学科核心素养。

第一节　化学反应速率

本节所选择的课程内容为化学学科高中学段"化学反应速率"，使用的教科书为人民教育出版社《化学(选修4)》。被试群体为新疆维吾尔自治区巴音郭楞蒙古自治州某中学高二理科实验班，按纸笔测试成绩高、中、低各抽取6名(依次界定为学优生、中等生、学困生)共18名学生。学生成绩居于全市中等水平，能够在一定程度上代表本市中等生的学习情况。

一、认知结构流程图

(一) 不同层次学生认知结构流程图

通过转录文本绘制 18 名学生的认知结构流程图。由于篇幅限制，只选择列出了学优生、中等生、学困生各一名学生代表的认知结构流程图，见图 5-1～图 5-3。

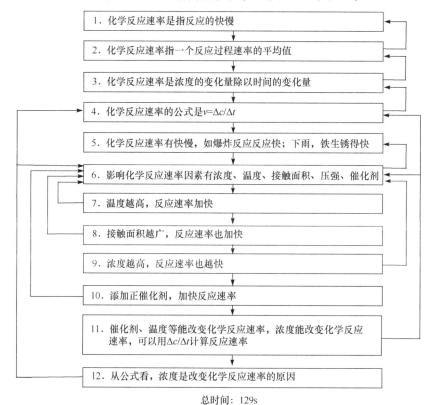

总时间：129s

图 5-1　学优生的"化学反应速率"认知结构流程图

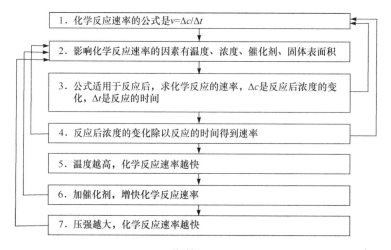

总时间：160s

图 5-2　中等生的"化学反应速率"认知结构流程图

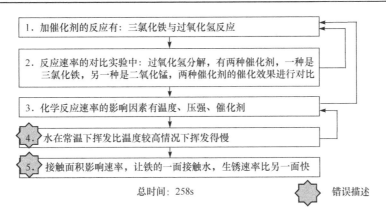

图 5-3 学困生的"化学反应速率"认知结构流程图

从认知结构的广度看，学优生回忆知识最多，包括化学反应速率的内涵、定义、表达式及影响化学反应速率的因素及规律，并用实例"爆炸反应、铁生锈"说明化学反应速率的意义，涵盖了"化学反应速率"的大多数知识点。中等生的知识广度较不完善，只描述了化学反应速率的表达式、影响化学反应速率的 4 个因素及规律，知识体系较不完整。学困生只举例说明催化剂和物质自身对化学反应速率的影响，且有两处错误表述。

从认知结构的丰富度看，学优生有 12 次"信息回访"，远大于中等生的 5 次和学困生的 3 次。可见，学优生对该主题知识进行了更有效的整合，知识点间联系的建立主要围绕影响化学反应速率的各因素展开，而且能够对各因素之间的关系作出判断，将化学反应速率的表达式与其影响因素相关联。结合学优生、中等生及其他多数学生的流程图可见，学生建构"化学反应速率"认知结构时的主要核心概念是"化学反应速率的影响因素"及"化学反应速率表达式"。

从信息检索率看，学优生的信息检索率明显高于中等生、学困生，学优生在回忆知识时耗时最少，但中等生、学困生在提取较少的信息时，仍耗时较多。学优生认知结构主要流程为：从化学反应速率概念提出的意义出发(条目 1)，然后陈述定义(条目 3)与表达式(条目 4)，再总述影响反应速率的因素都有哪些(条目 6)，最后分述各影响因素(条目 7~10)。可见，其认知结构的条理性、清晰性与层次性均很强，这最终使得学优生在解决问题时能更加快速、灵活地提取相关信息，其认知结构的可利用性大大增强。中等生认知结构的层次性、条理性较差，学困生认知结构显得比较混乱，这必然导致其回忆相关知识的难度增大。

从错误描述看，学困生出现了两处错误描述，条目 4 中学生试图说明温度对化学反应速率的影响，但水挥发是物理变化，所以并非是温度影响化学反应速率的实例，条目 5 中铁接触水表现的是反应物自身的性质，与接触面积无关，学生没有正确理解影响化学反应速率的因素并不能正确举例。

(二) 描述统计

对学生认知结构整体结果进行分析，三组学生认知结构变量和信息处理策略数据的平均值见表 5-1。

表 5-1　三组学生关于"化学反应速率"的认知结构变量和信息处理策略整体结果

量化维度	类型	学优生	中等生	学困生
认知结构变量	广度	8.17	6.33	5.17
	丰富度	6.00	4.50	2.50
	整合度	0.405	0.41	0.28
	错误描述	0.50	0.33	0.67
	信息检索率	0.045	0.032	0.032
信息处理策略	定义	1.17	1.33	0.33
	描述	4.67	4.00	3.83
	比较对比	0.67	0.17	0.67
	情景推理	1.17	0.67	0.17
	解释	0.50	0.17	0.17

由表 5-1 可以看出,关于"化学反应速率"的认知结构变量,学优生优于中等生和学困生。学优生知识点广度、丰富度、整合度、信息检索率较大,并且错误描述出现少;中等生的各认知结构变量次之,错误描述较少;相比之下,学困生的认知结构无论是从广度、丰富度、整合度、信息检索率都比较低,并且在对知识的描述中错误描述较多,学困生对于化学反应速率的认知水平较低,在一定的环境刺激下,不能有效地回忆和组织知识,所以认知结构各变量得分都比较低,需要进一步完善和构建,体现出平均水平的梯度性。

二、相关性分析

(一) 认知结构变量与成绩的相关性分析

由表 5-2 可见,学生的纸笔测试成绩与认知结构的广度、丰富度都显著相关($p < 0.01$),说明学生形成的"化学反应速率"认知结构中的知识点越多,其间联系越紧密,越容易取得高成绩,印证了学生建构完整、丰富的认知结构的重要性。结合对学困生认知结构中相关缺陷的分析,有助于发现其学习困难或障碍点,有助于教师采取针对性的措施对学生进行辅导和帮助,在完善相关认知结构的基础上提高问题解决能力。以学困生为例,其对化学反应速率的认知主要局限于若干化学反应速率的影响因素如催化剂、温度等,对化学反应速率若干影响因素之间的关系认识比较缺乏,对于化学反应速率的概念及其意义也缺乏必要的认知,这些缺陷是导致其纸笔测试成绩较低的内在原因。因此,对此类学生的辅导重点应该为:丰富案例素材以建立有意义的问题情境,围绕"化学反应速率"概念提出意义这一核心,引导学生充分认识概念的"使用价值"。

表 5-2　学生"化学反应速率"认知结构变量与纸笔测试成绩的相关性分析结果($N=18$)

	丰富度	整合度	错误描述	信息检索率	成绩
广度	0.850**	0.386*	−0.062	0.746**	0.708**
丰富度		0.738**	−0.311	0.802**	0.728**

续表

	丰富度	整合度	错误描述	信息检索率	成绩
整合度			−0.362	0.402	0.354
错误描述				−0.296	−0.200
信息检索率					0.687**

*$p<0.05$；**$p<0.01$

认知结构的信息检索率与纸笔测试成绩显著相关($p<0.01$)，说明学生对相关认知结构能快速回忆，其认知结构的可用性越强，越容易适应不同的问题解决情境，更容易获取较高的纸笔测试成绩。另外，广度与丰富度显著相关($p<0.01$)，信息检索率又分别与广度、丰富度显著相关($p<0.01$)。这首先表明，学生往往基于新、旧概念间的联系实现对新概念的建构，导致学生"化学反应速率"认知结构中知识点间的联系较为广泛。而且，这种知识点间的丰富联系能够进一步成为其回忆知识时的有效线索，导致尽管学生头脑中存储了更多知识点，但其信息检索率却在提高。这如同在散乱摆放的50本书中查找书籍的效率往往低于在经过一定分类方式摆放的100本书中查找书籍。

(二) 信息处理策略与认知结构变量的相关性分析

由表5-3可见，学生对"描述"这一信息处理策略的使用分别与其认知结构的广度、丰富度、信息检索率显著相关($p<0.01$)。这说明学生在"化学反应速率"认知结构中对描述策略的使用较多。学生认知结构的丰富度分别与描述、比较和对比、解释等策略的使用显著相关($p<0.01$)，这进一步说明能够在"化学反应速率"认知结构中生成更多联系的学生更注重对描述、比较和对比、解释等策略的联合使用。例如，较多学生能够描述出化学反应速率的影响因素，并结合实例对其规律进行解释说明，如学生回忆："催化剂是影响化学反应速率的因素之一，使用正催化剂可以加快反应速率"、"双氧水分解时加入二氧化锰可以加快反应速率"。

表5-3　学生"化学反应速率"信息处理策略与认知结构变量的相关性分析结果($N=18$)

	定义	描述	比较和对比	情景推理	解释
广度	0.262	0.806**	0.559*	0.309	0.457*
丰富度	0.499*	0.707**	0.718**	0.138	0.632**
整合度	0.490	0.302	0.197	0.114	0.266
错误描述	−0.565**	−0.072	−0.567**	0.176	−0.108
信息检索率	0.401	0.664**	0.179	−0.161	0.642**

*$p<0.05$；**$p<0.01$

更值得关注的是，错误描述与学生对定义、比较和对比等信息处理策略的使用呈显著负相关($p<0.01$)。这说明若学生缺乏对概念的准确界定(定义)或缺少对相关概念的比较和区分意识，则往往会出现更多的错误概念。例如，学生因对化学反应速率的准确定义缺乏认识或不能有效区分化学反应反应速率与化学反应限度而导致错误表述："化学反应速率是反应物或生

成物浓度的变化量，且 $v_{正}$＝$v_{逆}$"。

三、基于认知结构测量的学习困难分析

将学生对这部分知识的掌握情况及错误概念进行归类划分，统计掌握情况，见表5-4。

表5-4 关于"化学反应速率"学生回忆的主要概念

类别	种类	学生回忆的主要知识	人数	百分数/%
化学反应速率	正确概念	化学反应速率指化学反应过程进行的快慢	7	38.89
		化学反应速率用单位时间内反应物浓度的减少量或生成物浓度的增加量来表示	3	16.67
		化学反应速率的公式是 $v=\Delta c/\Delta t$	11	61.11
		单位是 mol/(L·min)或 mol/(L·s)	10	55.56
		例如："化学反应速率有快慢之分，如爆炸，反应很快；生锈，反应很慢"	11	61.11
	迷思概念	化学反应速率是指反应物或生成物浓度改变了多少	2	11.11
		化学反应速率是反应物或生成物浓度的变化量，且 $v_{正}$＝$v_{逆}$	9	50.00
影响化学反应速率的因素	正确概念	反应物本身的性质	6	33.33
		浓度(浓度越高，化学反应速率越大)	9	50.00
		温度(温度越高，化学反应速率越大)	16	88.89
		催化剂(使用正催化剂，化学反应速率变大)	12	66.67
		固体表面积(固体表面积越大，化学反应速率越大)	13	72.22
		压强(气体体积前后不等的反应，压强越大，化学反应速率越大)	10	55.56
	迷思概念	化学反应限度与速率问题交叉回忆	9	50.00

(1) 化学反应速率：学生对于化学反应速率的意义、定义及其在生活实际中的举例掌握的情况欠佳，这是学生认知中较为忽视的内容。错误描述方面，有 2 名学生对化学反应速率的意义描述出现了错误，如学生对其的理解为"化学反应速率是指反应物或生成物浓度改变了多少"，将单位时间忽略，造成理解偏差。由于这部分知识的掌握程度影响后续内容"化学反应限度"的理解，因此从 50.00%的出现率可以看出，一半的学生将速率与限度两部分内容交叉回忆，没有将两个概念进行清晰辨析，如"化学反应速率是反应物或生成物浓度的变化量，且 $v_{正}$＝$v_{逆}$"。学生易将化学反应速率在生活实例联系，但有 4 名学生出现错误概念，错误率较高。例如，"水在常温下挥发的比温度较高情况下挥发的慢"，学生试图说明温度对化学反应速率的影响，但水的挥发是一个物理过程，并非化学变化。

(2) 影响化学反应速率的因素：由表 5-4 可知，学生认知结构中知识点出现率较高的依次为温度因素(88.89%)、固体表面积因素(72.22%)、催化剂因素(66.67%)、压强因素(55.56%)等。这些知识点代表了学生对"化学反应速率"认知中的"重点"。相比之下，学生对影响速率的反应物自身因素等知识点的提及率较低，仅为 33.33%，对浓度描述的错误率为 61.11%，并且学生对影响化学反应速率的因素的具体规律掌握得并不好。

四、教学策略

研究表明，学生"化学反应速率"认知结构的广度、丰富度、信息检索率与其纸笔测试成绩显著正相关，学优生相关认知结构的层次性、整体性均优于其他学生。学生的整体认知重点为化学反应速率的表达式及其外在影响因素。多数学生对化学反应速率的提出意义、内涵本质、定义、内在影响因素及各影响因素之间的关系认识较为欠缺，尤其对化学反应速率的内涵本质(表征反应快慢的合理方式)、定义(单位时间内反应物或生成物浓度的变化)、表达式之间的关系认识不清，有较明显的"认知脱节"迹象，而学优生的上述认知则较为完善和到位。几乎没有学生对化学反应速率及其影响因素做出微观解释。

因此，提出以下建议：①重视化学反应速率概念的提出意义、内涵本质及其定义的教学价值，可通过必要的情境创设和问题揭示，引导学生充分认识化学反应速率概念建立的必要性及意义，呈现由"内涵本质"到"定义"再到"表达式"的推理演绎，将概念的文本解读式教学变为基于学科思维和逻辑推理的概念获得式教学；②有关化学反应速率影响因素的教学中，重视"宏微结合"思想的体现，应引导学生依据影响化学反应速率的微观原理或本质，理解不同影响因素之间的关系，据此深化对化学反应速率内涵本质及其定义合理性的认识。

第二节　化学平衡

本节所选择的课程内容为化学学科高中学段"化学平衡"，使用的教科书为人民教育出版社《化学(选修 4)》。被试群体为陕西省西安市某中学高二理科实验班，按纸笔测试成绩高、中、低各抽取 10 名学生(依次界定为学优生、中等生、学困生)共 30 名学生，男女比例 1∶1。学生成绩居于全市中等水平，能够在一定程度上代表本市中等生的学习情况。数据采集过程征得校方与教师允许后，在关于"化学平衡"教学结束一周后对学生进行访谈，并且该访谈保护学生的个人信息。

一、认知结构流程图

(一) 不同层次学生认知结构流程图

通过转录文本绘制 30 名学生的认知结构流程图。由于篇幅有限，只选择列出了学优生、中等生、学困生各一名学生代表的认知结构流程图，见图 5-4～图 5-6。

从图 5-4 可以看出，学优生能够准确回忆出化学平衡的定义和影响平衡移动的主要因素，但是在分析压强对平衡移动的影响时出现了迷思概念，此外也能够回忆出平衡常数的表达式和作用，对于转化率和勒夏特列原理也有涉及。从图 5-5 可以看出，中等生能回忆出化学平衡

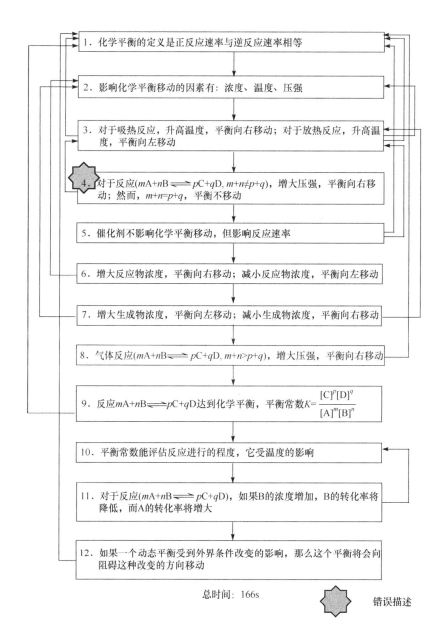

1. 化学平衡的定义是正反应速率与逆反应速率相等

2. 影响化学平衡移动的因素有：浓度、温度、压强

3. 对于吸热反应，升高温度，平衡向右移动；对于放热反应，升高温度，平衡向左移动

4. 对于反应$(mA+nB \rightleftharpoons pC+qD, m+n \neq p+q)$，增大压强，平衡向右移动；然而，$m+n=p+q$，平衡不移动

5. 催化剂不影响化学平衡移动，但影响反应速率

6. 增大反应物浓度，平衡向右移动；减小反应物浓度，平衡向左移动

7. 增大生成物浓度，平衡向左移动；减小生成物浓度，平衡向右移动

8. 气体反应$(mA+nB \rightleftharpoons pC+qD, m+n>p+q)$，增大压强，平衡向右移动

9. 反应$mA+nB \rightleftharpoons pC+qD$达到化学平衡，平衡常数$K=\dfrac{[C]^{p}[D]^{q}}{[A]^{m}[B]^{n}}$

10. 平衡常数能评估反应进行的程度，它受温度的影响

11. 对于反应$(mA+nB \rightleftharpoons pC+qD)$，如果B的浓度增加，B的转化率将降低，而A的转化率将增大

12. 如果一个动态平衡受到外界条件改变的影响，那么这个平衡将会向阻碍这种改变的方向移动

总时间：166s

错误描述

图 5-4　学优生的"化学平衡"认知结构流程图

的定义及特征，只认识到温度、压强对平衡移动的影响，具体分析压强对平衡移动的影响时出现了错误，此外还能回忆出平衡常数的表达式。从图 5-6 可以看出，学困生能回忆出化学平衡的定义，简单知道平衡移动的影响因素，但是不能正确分析具体的移动方向，对其他概念没有涉及。

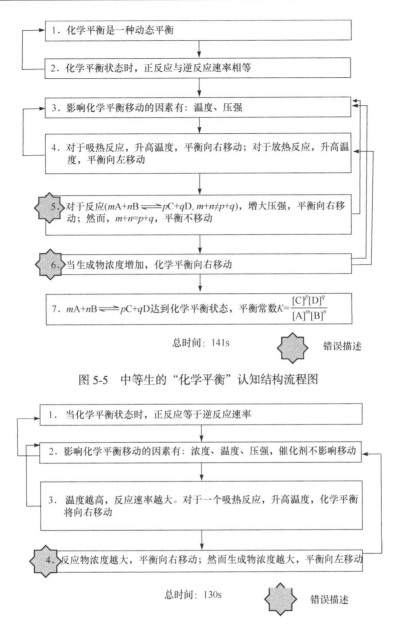

图 5-5 中等生的"化学平衡"认知结构流程图

图 5-6 学困生的"化学平衡"认知结构流程图

　　学优生具有相对完善的认知结构，所回忆的内容涉及化学平衡的定义和特征、影响化学平衡移动的因素、平衡常数，并且错误描述少；中等生也能够涉及上述三个方面的内容，但是在分析平衡移动的影响因素时错误较多，并且不能回忆出平衡常数的作用；学困生能回忆的知识只涉及化学平衡的定义和影响化学平衡移动的因素，但是不能对影响因素进行具体的分析，认知结构不完善。总的来讲，这三组学生关于化学平衡的认知结构顺序依次由三个方面构成：化学平衡的定义和特征、影响化学平衡移动的因素、平衡常数。

(二) 描述统计

对学生认知结构整体结果进行分析，三组学生认知结构变量和信息处理策略数据的平均值见表 5-5。

表 5-5　三组学生关于"化学平衡"的认知结构变量和信息处理策略整体结果

量化维度	类型	学优生	中等生	学困生
认知结构变量	广度	11.30	8.30	5.00
	丰富度	10.70	7.30	4.40
	整合度	0.49	0.46	0.33
	错误描述	0.60	1.80	2.00
	信息检索率	0.29	0.17	0.08
信息处理策略	定义	1.20	1.20	1.60
	描述	1.50	1.40	1.30
	比较和对比	1.10	1.50	1.00
	情景推理	5.40	3.80	1.00
	解释	2.10	0.40	0.10

从表 5-5 可以看出，不同组别的学生在认知结构变量和信息处理策略上存在差异。就认知结构变量而言，学优生比中等生和学困生在广度、丰富度、整合度、错误描述、信息检索率上有明显的优势，表明学优生头脑中的概念更加丰富，并且知识的整合度高，错误概念更少，检索头脑中的信息更快。就信息处理策略而言，学优生倾向于使用情景推理和解释的信息处理策略，中等生倾向于使用比较和对比、情景推理的信息处理策略，学困生倾向于使用定义和描述的信息处理策略。情景推理和解释属于比较高级的信息处理策略，这表明成绩好的学生更加倾向于使用比较高级的信息处理策略。

二、相关性分析

统计 30 张流程图中的相关信息(认知结构变量和信息处理策略)，收集学生关于化学平衡的周测考试成绩，用 SPSS22.0 软件比较了成绩、认知结构数据以及信息加工模式等三组数据之间的相关性。

(一) 认知结构变量与成绩的相关性分析

表 5-6 是被试学生认知结构变量与纸笔测试成绩的相关性分析结果。由表 5-6 中可以看到在被试学生中，纸笔测试中成绩好的学生头脑中储存的有关化学平衡的知识更广泛，同时知识储存得也更加牢固，而成绩较差的学生头脑中存储的知识更少且不够牢固，即成绩与广度、丰富度显著相关($p < 0.01$，$p < 0.05$)。同时可以看到对照班的被试学生错误描述与广度、丰富度和整合度均显著相关($p < 0.01$)，即学生头脑中储存的概念越多、越牢固，其中存在的错误概念也就更多。同时，被试学生中广度、丰富度与整合度之间也显著相关

($p<0.01$)。

表 5-6　学生"化学平衡"认知结构变量与纸笔测试成绩的相关性分析结果(N=30)

	成绩	广度	丰富度	整合度	错误描述	信息检索率
成绩		0.590**	0.386*	0.207	−0.300	−0.127
广度			0.798**	0.620**	0.720**	0.069
丰富度				0.899**	0.645**	0.067
整合度					0.513**	0.094
错误描述						0.051
信息检索率						

*$p<0.05$；**$p<0.01$

(二) 信息处理策略与成绩的相关性分析

表 5-7 是被试学生信息处理策略与纸笔测试成绩的相关性分析结果。从表 5-7 中可以看到在被试学生中，其纸笔测试成绩与情景推理和解释的信息处理策略显著相关($p<0.01$，$p<0.05$)，也就是说纸笔测试中成绩越高者，其在有关化学平衡的访谈中会更偏向于使用情景推理和解释的信息处理策略。

表 5-7　学生"化学平衡"信息处理策略与纸笔测试成绩的相关性分析结果(N=30)

	成绩	定义	描述	比较和对比	情景推理	解释
成绩		−0.304	0.175	0.247	0.876**	0.395*
定义			−0.286	0.268	0.073	−0.096
描述				−0.022	0.038	−0.031
比较和对比					0.273	−0.050
情景推理						0.088
解释						

*$p<0.05$；**$p<0.01$

(三) 信息处理策略与认知结构变量的相关性分析

表 5-8 是被试学生信息处理策略与认知结构变量的相关性分析结果。从表 5-8 中可以看到，情景推理的信息处理策略与广度、丰富度、整合度和错误描述四个维度均显著相关($p<0.01$)，是对照班被试群体中与认知结构变量相关性最多的一种信息处理策略。由此可以看出，在有关"化学平衡"知识的学习中，学生更倾向于使用情景推理的信息处理策略。同时，在被试学生中，认知结构广度与描述、比较和对比的信息处理策略显著相关($p<0.01$，$p<0.05$)，丰富度与比较和对比的信息处理策略显著相关($p<0.05$)，错误描述与描述的信息处理策略显著相关($p<0.05$)。

表 5-8　学生"化学平衡"信息处理策略与认知结构变量的相关性分析结果(N=30)

	广度	丰富度	整合度	错误描述	信息检索率
定义	0.322	0.205	0.141	0.272	−0.116
描述	0.489**	0.172	0.026	0.448*	0.117
比较和对比	0.374*	0.418*	0.208	0.040	0.208
情景推理	0.769**	0.813**	0.741**	0.523**	0.034
解释	0.124	0.135	0.173	−0.159	0.055

*$p<0.05$；**$p<0.01$

三、基于认知结构测量的学习困难分析

表 5-9 是被试学生关于"化学平衡"回忆的主要概念，其中包括了正确概念和迷思概念。根据流程图呈现的知识顺序，将化学平衡的内容分为三部分：化学平衡的定义及特征、影响化学平衡移动的因素、化学平衡常数。

表 5-9　关于"化学平衡"学生回忆的主要概念

类别	种类	学生回忆的主要知识	人数	百分数/%
化学平衡的定义及特征	正确概念	化学平衡的定义是正反应速率与逆反应速率相等	16	53.33
		化学平衡是一种动态平衡	9	30.00
		"变量不变"时，就达到了化学平衡	5	16.67
	迷思概念	当压强保持不变，说明反应达到化学平衡	10	33.33
		在化学平衡状态，反应物浓度等于生成物浓度	1	3.33
		当反应达到化学平衡状态，反应物全部转化成生成物	15	50.00
		化学平衡的标志是反应前后速率保持不变	7	23.33
		反应达到化学平衡状态，就不再进行了	2	6.67
		在可逆反应中，正反应结束后，逆反应才开始	9	30.00
影响化学平衡移动的因素	正确概念	影响化学平衡移动的因素有：浓度、温度、压强	18	60.00
		对于吸热反应，升高温度，平衡向右移动；对于放热反应，升高温度，平衡向左移动	6	20.00
		催化剂不影响化学平衡移动，但影响反应速率	13	43.33
		增大反应物浓度，平衡向右移动；减小反应物浓度，平衡向左移动	12	40.00

续表

类别	种类	学生回忆的主要知识	人数	百分数/%
影响化学平衡移动的因素	正确概念	对于气体反应($mA+nB \rightleftharpoons pC+qD$, $m+n>p+q$)，增大压强，平衡向右移动	5	16.67
		如果一个动态平衡受到外界条件改变的影响，那么这个平衡将会向阻碍这种改变的方向移动	3	10.00
		温度越高，反应速率越大。对于一个吸热反应，升高温度，化学平衡将向右移动	4	13.33
	迷思概念	影响化学平衡移动的因素有催化剂	2	6.67
		增大生成物浓度，平衡向右移动	2	6.67
		反应物浓度越高，平衡向右移动	3	10.00
		对于反应($mA+nB \rightleftharpoons pC+qD$, $m+n\neq p+q$)，增大压强，化学平衡向右移动，然而 $m+n=p+q$，化学平衡不移动	14	46.67
		对于反应($mA+nB \rightleftharpoons pC+qD$, $m+n\neq p+q$)，增大压强，化学平衡向左移动	12	40.00
		对于反应($mA+nB \rightleftharpoons pC+qD$, $m+n\neq p+q$)，增大压强，化学平衡向气体分子数目增大的方向移动	11	36.67
		改变温度将影响反应速率，但是不影响平衡移动	10	33.33
		如果升高温度，平衡向右移动	13	43.33
		对于放热反应，降低温度，反应速率将加快	11	36.67
化学平衡常数	正确概念	当反应($mA+nB \rightleftharpoons pC+qD$)达到化学平衡状态，平衡常数 $K=\dfrac{[C]^p[D]^q}{[A]^m[B]^n}$	21	70.00
		平衡常数能评估反应进行的程度，它受温度的影响	16	53.33
	迷思概念	当反应达到化学平衡，平衡常数 K 等于生成物与反应物之比，但是它仅适用于气体	3	10.00
		K 与温度呈正相关	2	6.67

(1) 化学平衡的定义及特征：从学生回忆的正确概念来看，学生容易掌握化学平衡的定义 (53.33%)和动态性(30.00%)，不容易掌握达到平衡的状态的特征(16.67%)。从学生回忆的迷思概念来看，学生难以判断达到化学平衡状态的标志，如由于没有考虑反应前后气体分子数目

的变化情况,而错误认为当压强保持不变时达到化学平衡(33.33%);由于学生不理解平衡反应是不能进行彻底的,错误地认为反应达到化学平衡状态时,反应物全部转化成生成物(50.00%)。此外,学生不清楚可逆反应的特征,如由于学生在学习化学平衡之前,接触到的反应都是正向进行的,难以理解逆反应的存在,更不清楚正反应和逆反应是同时进行的,错误地认为在可逆反应中,正反应结束后,逆反应才开始(30.00%)。

(2) 影响化学平衡移动的因素:从学生回忆的正确概念来看,学生容易认识到影响化学平衡移动有浓度、温度、压强(60.00%),并且能具体分析浓度对平衡移动的影响(40.00%),但是不容易完整表述勒夏特列原理(10.00%),很少有学生正确表述压强、温度对平衡移动的具体影响(16.67%、13.33%)。从学生回忆的迷思概念来看,学生难以具体分析压强对平衡移动的影响,如学生由于没有判断物质的状态,认为对于反应($mA+nB \rightleftharpoons pC+qD$, $m+n \neq p+q$),增大压强,化学平衡向右移动,然而 $m+n=p+q$,化学平衡不移动(46.67%);或者错误地认为对于反应($mA+nB \rightleftharpoons pC+qD$, $m+n \neq p+q$),增大压强,化学平衡向气体分子数目增大的方向移动(36.67%)。此外,学生也难以具体分析温度对平衡移动的影响,如学生由于不区分吸热反应与放热反应,错误地认为如果升高温度,平衡向右移动(43.33%);或者由于不理解降低温度对吸热反应的影响较大,错误地认为对于放热反应,降低温度,反应速率将加快(36.67%)。从根本上讲,学生错误地判断平衡移动的方向,是因为不理解平衡移动的本质是正反应速率和逆反应速率的不一致。

(3) 化学平衡常数:从学生回忆的正确概念来看,学生容易掌握化学平衡常数的表达式(70.00%),以及能用平衡常数判断反应进行的程度(53.33%)。从学生回忆的迷思概念来看,只有少数学生不会书写平衡常数的表达式(10.00%),不理解平衡常数与温度的关系(6.67%)。

综上所述,化学平衡的学习困难主要有:可逆反应的特征、化学平衡状态判断的标志、影响化学平衡移动的因素(压强、温度)。

四、教学策略

(一) 研究结论

基于 30 张流程图对学生在个体特定领域认知结构进行分析发现,学生个体认知结构在化学平衡的学习中存在较大的差异,学习成绩好的学生流程图信息比较丰富,学习成绩相对差的学生流程图信息量少。认知结构的相关性分析进一步表明,学生的学习成绩与知识的广度和丰富度呈正相关,与迷思概念呈负相关。成绩好学生认知结构中可以同化新概念、原理的知识较多,从而掌握知识更容易,认知结构的广度、丰富度、信息检索率越高,错误描述越少,符合良好的认知结构的特点,认知结构相对完善。

信息处理策略的相关性分析表明,学生的纸笔测试成绩与情景推理和解释的信息处理策略呈正相关,而情景推理和解释属于较高级别的信息处理策略。也就是说纸笔测试中成绩越高者,其在有关化学平衡的访谈中更偏向于使用情景推理和解释的信息处理策略。认知结构与信息处理策略的相关性分析进一步表明,学生使用较高级别的信息处理策略,需要良好的认知结构作为基础。

学生在学习化学平衡时,主要的学习困难有三类:①由于学生在学习化学平衡之前接触到的反应都是正向进行的,难以理解逆反应的存在,更不清楚正反应和逆反应是同时进行的,在学习可逆反应的特征时存在困难；②由于学生不理解平衡反应是不能进行彻底的，并且没有考虑反应前后气体分子数目的变化情况，在学习化学平衡状态判断的标志时存在困难；③由于学生不理解平衡移动的本质是正反应速率和逆反应速率不一致，在学习影响化学平衡移动的因素(压强、温度)时存在困难。

(二) 教学策略

研究表明成绩好的学生具有良好的认知结构，显然概念的多少以及概念之间的联系会影响学生的学习效果。因此，建议教师重视基础概念的教学，基础概念的教学能够促进认知结构的完善，从而促进课堂教学和学生的有意义学习。

学生在学习有关"化学平衡"知识时，更倾向于使用情景推理与描述的信息处理策略，因此在该部分的教学中，教师可以多引导学生进行知识的推理，着重从逻辑推理上引导学生分析和解决问题，以严密的逻辑推理来提高学生的学习兴趣，引导学生学习，如概念转变方法、建构主义可视化思维导图和基于问题解决的学习方法。

从学习困难的角度上看，学生不理解可逆反应的特征，教师应从宏观、微观、符号三重表征的方面引导学生想象和描述可逆反应的过程，重建学生关于化学反应类型的认知结构；学生不理解化学平衡状态判断的标志，教师应使用多媒体技术展示化学平衡的动态本质和微观反应进程，降低概念的抽象性，从而促进平衡状态的理解；学生不理解压强、温度对化学平衡移动的影响，由于反应速率是学习化学平衡的基础，因此教师在介绍化学平衡的知识之前，应复习巩固反应速率的知识，并引导学生在压强或温度改变的情况下使用速率-时间图分析平衡移动的过程，促进学生对影响因素的理解。

第六章　溶液中的离子平衡的认知结构与学习困难分析

"水溶液中的离子平衡"是人民教育出版社《化学(选修 4)化学反应原理》中主题 3 "溶液中的离子平衡"的内容，这部分内容实际上是应用前一章所学化学平衡理论，探讨水溶液中离子间的相互作用，同时结合了初中化学"酸、碱、盐"的知识以及高中《化学(必修 1)》"离子反应"的知识，内容比较丰富。电离平衡、水解平衡和沉淀溶解平衡的过程分析体现了化学理论的指导作用。电离平衡、水解平衡和沉淀溶解平衡都是对前一章所学化学平衡理论的延伸、拓展和巩固，化学平衡理论本就是中学化学的重难点，电离平衡、水解平衡和沉淀溶解平衡更是充分利用已学知识，在平衡理论的指导下、在水溶液体系中逐步学习一系列新概念。

学生对于"水溶液中的离子平衡"的理解普遍存在以下问题：

(1) 基础知识欠缺，遗留问题较多。电解质和非电解质的概念、离子反应条件、化学平衡是学生学习这部分知识的基础，但调查发现学生完成该部分知识的学习后对于这些已有知识的理解仍然存在问题，这些问题都会影响"水溶液中的离子平衡"的学习。

(2) 概念不清，对概念的本质没有很好地理解。例如，学生在判断弱电解质时认为物质电离出的离子能发生水解反应，那么该物质就是弱电解质，而不是考虑电离是否完全，这是将弱电解质和盐类的水解两个概念混淆，理解不清。

(3) 没有形成科学的思维方式，综合能力较差，对知识的应用不熟练。学生对知识的理解只处于记忆水平，遇到问题时不会应用已学到的知识解决问题。例如，在判断离子共存、判断盐溶液蒸干后所得产物、比较溶液中微粒浓度时，综合、灵活应用知识解决问题的能力较差。

建构主义学习理论认为，学习不是简单的信息积累，而是学生已有的知识经验(原有认知结构)与从环境中主动选择和注意的信息相互作用以及由此引发的认知结构的重组。因此，掌握了解学生的认知结构对化学课堂教学具有非常重要的作用。本章分别从定性和定量两方面分析学生在"水溶液中的离子平衡"学习中的个体认知结构差异，诊断学生对基本概念和基本原理的理解掌握水平，找出学生课堂学习中的困难点，以便于教师在后续教学中做出适度调整。另外，通过分析学生在该部分内容学习下的信息处理策略，提出更好的优化学生认知结构的策略，促进学生的有意义学习，通过对学生在各主题访谈录音的主要概念以及错误概念统计，完善学生的认知结构，提高课堂教学效率。

第一节　弱电解质的电离

本节选取陕西省西安市某中学高三 30 名学生(按纸笔测试成绩高、中、低各取 10 名学生，依次界定为学优生、中等生、学困生)进行纸笔测试及访谈录音(在高三一轮复习结束一周后实施访谈录音)。测试涉及的学科知识内容为人民教育出版社《化学(选修 4)化学反应原理》中的"弱电解质的电离"。

一、认知结构流程图

(一) 不同层次学生认知结构流程图

通过转录文本绘制 30 名学生的认知结构流程图。由于篇幅有限，只选择列出了学优生、中等生、学困生各一名学生代表的认知结构流程图，见图 6-1～图 6-3。

图 6-1 学优生的"弱电解质的电离"认知结构流程图

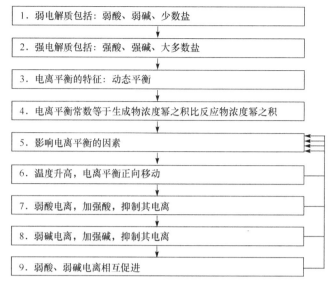

1. 弱电解质包括：弱酸、弱碱、少数盐
2. 强电解质包括：强酸、强碱、大多数盐
3. 电离平衡的特征：动态平衡
4. 电离平衡常数等于生成物浓度幂之积比反应物浓度幂之积
5. 影响电离平衡的因素
6. 温度升高，电离平衡正向移动
7. 弱酸电离，加强酸，抑制其电离
8. 弱碱电离，加强碱，抑制其电离
9. 弱酸、弱碱电离相互促进

总时间：209s

图 6-2　中等生的"弱电解质的电离"认知结构流程图

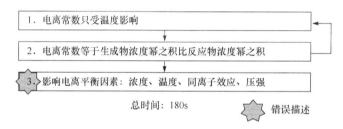

1. 电离常数只受温度影响
2. 电离常数等于生成物浓度幂之积比反应物浓度幂之积
3. 影响电离平衡因素：浓度、温度、同离子效应、压强

总时间：180s　　　　　　　　⬡ 错误描述

图 6-3　学困生的"弱电解质的电离"认知结构流程图

(二) 描述统计

对图 6-1～图 6-3 所示的三名学生的认知流程图的定量分析结果见表 6-1。

表 6-1　三名学生关于"弱电解质的电离"的认知结构变量整体结果

认知结构变量	学优生	中等生	学困生
广度	15	9	3
丰富度	8	4	1
整合度	0.35	0.31	0.25
错误描述	1	0	1
信息检索率	0.077	0.043	0.017

从表 6-1 中可以看出，学优生的认知结构明显优于中等生和学困生，其叙述的节点数最多，关于弱电解质的电离五大类知识(强、弱电解质的分类，弱电解质电离平衡的特征，弱电解质电离平衡的影响因素，电离方程式的书写，电离平衡常数)都有涉及，且各知识点之间的联系丰富，整合度好，单位时间内检索的信息最多；中等生的叙述没有涉及电离方程式

的书写,且在谈到弱电解质电离平衡特征和电离平衡常数时没有学优生的知识丰富,知识之间联系一般,整合度较好,这些都说明中等生基本上建构了弱电解质电离的知识框架,但还不够完整;学困生的叙述只涉及了电离平衡常数和影响电离平衡的因素,且影响电离平衡的因素是错误的,在访谈过程中,学困生不能进行连续叙述,每个知识点的叙述间隔时间较长,信息检索率最低,在180s内总共描述了3条,说明学困生关于弱电解质的电离知识结构水平较低,知识结构较为混乱。以上分析表明成绩更高的学生趋于建构更加完整和丰富的认知结构,在认知结构定量分析的数据中也能得到较高的分数。

二、相关性分析

(一) 认知结构变量与成绩的相关性分析

表 6-2 展示了学生认知结构变量与纸笔测试成绩之间的关系。数据表明关于弱电解质的电离,学生的成绩与认知结构的广度、丰富度、整合度及信息检索率显著相关($p < 0.01$),即纸笔测试成绩越高,学生相关认知结构中的知识点越多,知识点联系越紧密,知识的整合度越大,信息检索率也越高。此外,通过对数据的分析表明,学生认知结构的广度与丰富度、整合度、信息检索率显著相关($p < 0.01$),说明学生头脑中的知识越多,相应的知识间的联系就越多,同时在一定的刺激下提取信息的速度就越快;认知结构的丰富度与整合度、信息检索率显著相关($p < 0.01$),说明学生所描述的知识之间的联系越密切,认知结构的整体性就越强,学生在一定的刺激下提取信息的速度就越快。

表 6-2　学生"弱电解质的电离"认知结构变量与纸笔测试成绩的相关性分析结果($N = 30$)

	广度	丰富度	整合度	错误描述	信息检索率	成绩
广度		0.888**	0.557**	0.282	0.710**	0.777**
丰富度			0.724**	0.214	0.726**	0.752**
整合度				0.121	0.394*	0.482**
错误描述					0.136	0.114
信息检索率						0.486**

*$p < 0.05$;**$p < 0.01$

利用上述数据的定量分析,可以为评价学生的认知结构提供更加多元化的角度,使其可以作为纸笔测试外学生成绩评估的一部分。在教学中,教师可以利用学生相应主题流程图中认知结构的深度、丰富度、整合度、信息检索率等对其知识的掌握程度进行评价。

(二) 信息处理策略与成绩的相关性分析

由表 6-3 可以看出,学生的信息处理策略中的描述、比较和对比与纸笔测试成绩有着密切的联系,但学生的信息处理策略之间没有相关关系。纸笔测试成绩与描述、比较和对比、情景推理显著相关($p < 0.01$),这意味着学生在学习"弱电解质的电离"时倾向于使用描述、比较和对比、情景推理三种信息处理策略。高水平的解释策略与纸笔测试成绩无相关关系,说明在学习"弱电解质的电离"的知识时,学生很少使用解释策略。

表6-3　学生"弱电解质的电离"信息处理策略与纸笔测试成绩的相关性分析结果(N=30)

	定义	描述	比较和对比	情景推理	解释	成绩
定义	0.075	0.214	0.076	−0.193	0.003	
描述		0.357	0.195	−0.115	0.736**	
比较和对比			0.299	−0.119	0.465**	
情景推理				−0.132	0.511**	
解释					0.271	

**$p < 0.01$

(三) 信息处理策略与认知结构变量的相关性分析

由表6-4可以看出，学生的信息处理策略和认知结构变量有着密切的联系。认知结构变量的广度和丰富度与描述、情景推理显著相关($p < 0.01$，$p < 0.05$)，这说明学生基础知识掌握的全面、深入程度是其进行知识灵活运用或解决问题的必要条件。高水平的解释策略与认知结构变量无相关关系，说明在学习"弱电解质的电离"的知识时，学生很少使用解释策略。这反映出学生对相关知识的建构中，较少关注知识本身的来龙去脉，对具体知识的形成原因或其可能导致的进一步结果缺乏深入研究。

表6-4　学生"弱电解质的电离"信息处理策略与认知结构变量的相关性分析结果(N=30)

	定义	描述	比较和对比	情景推理	解释
广度	0.216	0.877**	0.500**	0.504**	−0.073
丰富度	0.121	0.745**	0.259	0.540**	0.205
整合度	−0.011	0.566**	−0.135	0.351	0.130
错误数	−0.022	0.412*	0.239	0.027	0.093
信息检索率	0.086	0.579**	0.139	0.422*	0.069

*$p < 0.05$；**$p < 0.01$

三、基于认知结构测量的学习困难分析

将学生对这部分知识的掌握情况及错误概念进行归类划分，见表6-5。

表6-5　关于"弱电解质的电离"学生回忆的主要概念

类别	种类	学生回忆的主要知识	人数	百分数/%
强、弱电解质的定义及分类	正确概念	电解质是在水溶液或熔融状态下导电的化合物	5	16.67
		强电解质是在水溶液或熔融状态下完全电离的化合物	5	16.67
		弱电解质是在水溶液或熔融状态下部分电离的化合物	4	13.33
		强、弱电解质的区别：是否能完全电离	20	66.67

类别	种类	学生回忆的主要知识	人数	百分数/%
强、弱电解质的定义及分类	正确概念	弱电解质存在形式：既有分子又有离子	2	6.67
		强电解质包括强酸、强碱、大多数盐	4	13.33
		强电解质包括强酸、强碱	2	6.67
		举例说明(对强、弱电解质的分类只能通过举例说明)	3	10.00
		弱电解质包括弱酸、弱碱、少部分盐、水	1	3.33
		叙述不完整(对弱电解质的分类叙述不完整)	10	33.33
	迷思概念	强电解质包括强酸、强碱、盐	3	10.00
		强电解质就是强酸强碱盐，弱电解质就是弱酸弱碱盐	10	33.33
		弱电解质包括弱酸、弱碱、盐、水	2	6.67
弱电解质电离平衡的特征	正确概念	叙述内容涉及弱电解质电离平衡的特征	19	63.33
		电离平衡的特征：逆、等、动、定、变	5	16.67
		逆，可逆的	8	26.67
		等，正逆反应速率相等不为零	7	23.33
		动，动态平衡	8	26.67
		定，各组分浓度不变	6	20.00
		变，条件打破，平衡会破坏	3	10.00
	迷思概念	等效平衡	1	3.33
		各物质浓度变化量按系数成比例	1	3.33
		颜色不变	1	3.33
		正、逆速率不变	1	3.33
影响电离平衡的因素	正确概念	叙述内容涉及影响电离平衡的因素	25	83.33
		自身性质	5	16.67
		温度	22	73.33
		温度升高，反应向吸热方向移动	17	56.67
		浓度	19	63.33
		弱电解质浓度增大，平衡正向移动	10	33.33
		同离子效应	6	20.00
		溶液 pH	2	6.67

续表

类别	种类	学生回忆的主要知识	人数	百分数/%
影响电离平衡的因素	迷思概念	压强	7	23.33
		弱电解质越弱越电离	2	6.67
		物质的量	1	3.33
		催化剂	1	3.33
电离平衡方程式的书写及电离平衡常数	正确概念	叙述内容涉及电离方程式书写	14	46.67
		要写可逆符号	10	33.33
		电荷守恒、物料守恒	3	10.00
		强电解质可以拆，弱电解质不能拆	3	10.00
		多元弱酸分步电离，多元弱碱一步电离	3	10.00
		叙述内容涉及电离平衡常数	10	33.33
		电离平衡常数只和温度有关	8	26.67
		电离平衡常数等于生成物浓度幂之积比反应物浓度幂之积	3	10.00
	迷思概念	标明反应物、生成物的状态	3	10.00
		电离平衡常数等于生成物浓度积	1	3.33
其他	迷思概念	电离就是通电，通电就是给溶液通电，使阴、阳离子分开	1	3.33
		弱酸(稀盐酸、稀硫酸)、弱碱(氢氧化钠稀溶液)	1	3.33

(1) 强、弱电解质的定义及分类：对数据进行统计，发现有 66.67% 的学生清楚地知道强、弱电解质的本质区别，但只有 16.67%、13.33% 的学生能完整说出强、弱电解质的定义。此外，6.67% 的学生提到了弱电解质在水溶液中的存在形式。关于强、弱电解质的分类，在访谈中发现学生对于盐的分类存在很多错误认识，33.33% 的学生认为强酸强碱盐属于强电解质，弱酸弱碱盐属于弱电解质。针对学生存在的此种错误认识，教师在教学中应向学生强调对于盐的分类应严格紧扣强、弱电解质的定义，不能简单一概而论。大多数盐属于强电解质，极少数盐属于弱电解质，对于基础较好的学生，教师可联系化学键中的离子键和共价键以及大学知识体系中的极化理论对学生作简单解释。此外，从选修 4 和必修 1 的衔接来看，由于选修 4 侧重于水溶液中离子的行为，忽略了金属氧化物也属于强电解质，但在教学中，教师应当对此作以说明，否则学生关于强、弱电解质的分类就会出现偏差。

(2) 弱电解质电离平衡的特征：弱电解质电离平衡的特征和在此之前学的化学平衡的特征并无区别，即逆、等、动、定、变。63.33% 的学生在叙述中提到了弱电解质电离平衡的特征，但将弱电解质电离平衡特征说全的学生很少。此外，各有 3.33% 的学生在提及弱电解质电离平衡的特征时出现了等效平衡、各物质浓度变化量按系数成比例、体系颜色不变、正逆反应速率不变这些错误叙述。由此可见学生的化学平衡知识体系一定程度上存在欠缺。

(3) 影响电离平衡的因素：弱电解质电离平衡的移动是弱电解质电离的重点与难点，83.33%的学生在叙述中提到了影响弱电解质电离平衡的因素。弱电解质的电离平衡和化学平衡的区别在于弱电解质电离平衡仅限于在水溶液中，而化学平衡是三相均存在。此处学生的学习困难表现于他们认为压强、催化剂等影响电离平衡。分别有23.33%、6.67%、3.33%、3.33%的学生提到压强、弱电解质越弱越电离、物质的量、催化剂这些错误叙述。23.33%的学生认为压强影响弱电解质的电离，这是因为学生没有深刻认识到化学平衡和弱电解质电离平衡的区别，在教学中教师在引导学生从化学平衡向弱电解质的电离平衡过渡时，应提醒学生注意二者之间的区别以避免学生产生知识的负迁移。此外，6.67%的学生提到弱电解质越弱越电离，产生这样的错误认识是学生将电离和水解之间概念相混淆的缘故，在盐类水解部分，弱电解质越弱越电离，而对于电离而言，电解质越强越电离，越弱越难电离，针对学生这样的错误概念，教师在教学中应帮助学生从本质上理解电解质的电离和盐类的水解。

(4) 电离平衡方程式的书写及电离平衡常数：电离平衡方程式的书写是对弱电解质电离平衡的一种化学表达。46.67%的学生在叙述中提到了弱电解质电离平衡方程式的书写，33.33%的学生提到要写可逆符号，10.00%的学生提到强电解质可以拆、弱电解质不能拆，多元弱酸分步电离，多元弱碱一步电离。此外，10.00%的学生提到要标明反应物、生成物状态，此种认识也是由于学生没有认识到化学平衡和弱电解质电离平衡的区别。33.33%的学生叙述内容中提到了电离平衡常数，26.67%的学生提到弱电解质的电离平衡常数只和温度有关，谈到电离平衡常数的学生整体较少，说明该知识在"弱电解质的电离"这一模块为非重点知识，也说明在学生的头脑中关于平衡这一系列的知识未形成系统性，这就要求教师在讲授过程中注重知识的类比学习，促进学生的知识迁移，完善学生的认知结构。

综上所述，学生学习"弱电解质的电离"的困难主要体现在强、弱电解质的分类、弱电解质电离平衡的特征和影响弱电解质电离的因素三处。关于强、弱电解质分类的迷思概念一部分在于盐的分类，即盐是属于强电解质还是弱电解质，有些学生认为所有盐都属于强电解质，有些认为所有的盐属于弱电解质，或者有些学生认为强酸强碱盐属于强电解质，弱酸弱碱盐属于弱电解质；另一部分在于强、弱电解质的分类，学生头脑中都没有金属氧化物这类物质。关于弱电解质的电离平衡和影响弱电解质电离平衡因素的迷思概念可归结于两方面，一方面是学生没有深刻认识到化学平衡与弱电解质电离的区别，认为压强也是影响弱电解质电离平衡的因素之一，或者认为颜色不变是判断弱电解质电离平衡的标志；另一方面是学生有关化学平衡的知识体系不完整，由差错引起的，如有些学生认为催化剂影响弱电解质的电离平衡，各物质浓度变化量按系数成比例是弱电解质电离平衡的特征等。

四、教学策略

研究发现：①学生在该领域认知结构的广度、丰富度、整合度及信息检索率与纸笔测试成绩显著相关($p<0.01$)，即学生相关认知结构中的知识点越多，知识点联系越紧密，知识的整合度越大，信息检索率也越高，纸笔测试成绩越高；②学生的信息处理策略与纸笔测试成绩具有密切的联系，学生在学习"弱电解质的电离"时更多地倾向于使用描述和情景推理两种信息处理策略，很少使用解释策略；③从认知结构的内容分析结果来看，学生

头脑中存在一些错误的前概念，而这些错误前概念的存在会造成学生在学习"弱电解质的电离"时的学习困难。

据此提出的教学建议有：

(1) 加强高级信息处理策略的应用。研究发现学生在学习"弱电解质的电离"时几乎没有使用解释策略，学生的很多知识都是通过教师讲解和阅读教材而死记硬背的，并不知道知识之间的来龙去脉，教师教学时应促进学生多使用解释策略，让学生自己想清楚知识之间的联系。

(2) 加强前概念的矫正。研究发现学生在学习"弱电解质的电离"时存在很多错误的前概念。认知心理学指出，学习的产生是在原有的认知结构和经验基础上，对新学习材料内在逻辑结构的重新组织和加工，在学习过程中，两者相互促进、相辅相成，故大量的错误前概念给学生接下来的学习会造成很多困难。弱电解质的电离与化学平衡密切相关，弱电解质的电离平衡实际上就是化学平衡的一种，故教师在进行弱电解质的电离教学时很有必要先帮助学生建构完整的化学平衡知识结构。

(3) 研读教材，对部分内容加以补充。从选修 4 和必修 1 的衔接来看，由于选修 4 侧重于水溶液中离子的行为，忽略了金属氧化物也属于强电解质，但在教学中，教师应当对此作以说明，否则学生关于强、弱电解质的分类就会出现偏差。

第二节　盐类水解

本节选取陕西省西安市某中学高三 30 名学生(按纸笔测试成绩高、中、低各取 10 名学生，依次界定为学优生、中等生、学困生)进行纸笔测试及访谈录音(在高三一轮复习结束一周后实施访谈录音)。测试涉及的学科知识内容为人民教育出版社《化学(选修 4)化学反应原理》中的"盐类水解"。

一、认知结构流程图

(一) 不同层次学生认知结构流程图

通过转录文本绘制 30 名学生的认知结构流程图。由于篇幅有限，只选择列出了学优生、中等生、学困生各一名学生代表的认知结构流程图，见图 6-4～图 6-6。

从三名学生认知结构的质性比较可见，学优生认知结构的完备性好，系统性强，且能够将宏观现象与微观本质有效结合；中等生认知结构的完备性较好、条理性欠佳、抽象性不高，但可以将所学知识运用到具体情境中；学困生认知结构的完备性差，有较多的知识缺陷。

结合图 6-4～图 6-6 可见，学优生叙述的知识点数目最多，且能够从微观角度分析盐类水解显一定酸碱性的原因，做到了宏微结合，对于盐类水解的规律叙述完整，并能够详细列举盐类水解的具体应用。中等生能够将所学知识运用到具体情境中，且能够具体列举盐类水解的应用，但是并没有真正把握盐类水解的本质。学困生叙述的知识点最少，且错误知识点数量较多，认知结构的完备性较差。

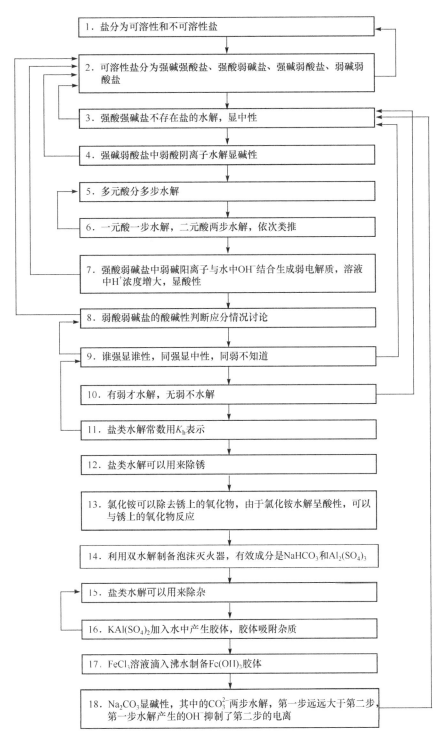

1. 盐分为可溶性和不可溶性盐

2. 可溶性盐分为强碱强酸盐、强酸弱碱盐、强碱弱酸盐、弱碱弱酸盐

3. 强酸强碱盐不存在盐的水解，显中性

4. 强碱弱酸盐中弱酸阴离子水解显碱性

5. 多元酸分多步水解

6. 一元酸一步水解，二元酸两步水解，依次类推

7. 强酸弱碱盐中弱碱阳离子与水中OH结合生成弱电解质，溶液中H^+浓度增大，显酸性

8. 弱酸弱碱盐的酸碱性判断应分情况讨论

9. 谁强显谁性，同强显中性，同弱不知道

10. 有弱才水解，无弱不水解

11. 盐类水解常数用K_h表示

12. 盐类水解可以用来除锈

13. 氯化铵可以除去锈上的氧化物，由于氯化铵水解呈酸性，可以与锈上的氧化物反应

14. 利用双水解制备泡沫灭火器，有效成分是$NaHCO_3$和$Al_2(SO_4)_3$

15. 盐类水解可以用来除杂

16. $KAl(SO_4)_2$加入水中产生胶体，胶体吸附杂质

17. $FeCl_3$溶液滴入沸水制备$Fe(OH)_3$胶体

18. Na_2CO_3显碱性，其中的CO_3^{2-}两步水解，第一步远远大于第二步，第一步水解产生的OH^-抑制了第二步的电离

总时间：257s

图 6-4　学优生的"盐类水解"认知结构流程图

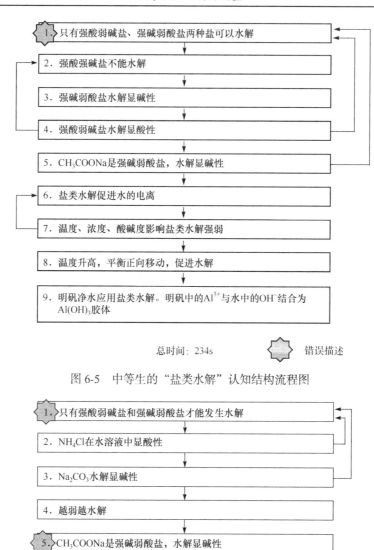

图 6-5　中等生的"盐类水解"认知结构流程图

图 6-6　学困生的"盐类水解"认知结构流程图

(二) 描述统计

表 6-6 展示了三名学生"盐类水解"认知结构变量的统计结果。

表 6-6　三名学生关于"盐类水解"的认知结构变量整体结果

认知结构变量	学优生	中等生	学困生
广度	18	9	5
丰富度	12	4	2
整合度	0.40	0.31	0.29
错误描述	0	1	2
信息检索率	0.070	0.038	0.037

从表 6-6 中可以看出，学优生关于"盐类水解"的认知结构优于中等生与学困生，其叙述的知识点数最多并且相互之间的联系丰富，整合度最高，错误概念数最少。中等生各变量的统计结果均介于学优生与学困生之间。相比之下，学困生的认知结构无论是从广度、丰富度、整合度、信息检索率来看都比较低，并且错误描述较多。在访谈中发现学困生不能够连续描述，并且叙述一个完整的知识点需要较长时间。可以看出学困生关于"盐类水解"内容的认知水平较低，知识结构比较混乱，不能够有效地回忆和组织知识，需要进一步建构和完善认知结构。

二、相关性分析

(一) 认知结构变量与成绩的相关性分析

表 6-7 展示了学生"盐类水解"认知结构变量与纸笔测试成绩的相关性分析结果。从表 6-7 中可以看出，学生纸笔测试成绩与认知结构的广度、丰富度、整合度密切相关，纸笔测试成绩越高的学生，在访谈中描述的知识点数越多，知识之间的联系越紧密，越能将已有知识整合起来，形成一定的有组织的网络结构。

表 6-7　学生"盐类水解"认知结构变量与纸笔测试成绩的相关性分析结果(N=30)

	广度	丰富度	整合度	错误描述	信息检索率	成绩
广度		0.903**	0.619**	0.172	0.597**	0.781**
丰富度			0.853**	0.049	0.552**	0.693**
整合度				0.010*	0.406*	0.500**
错误描述					−0.081	0.018
信息检索率						0.465**

*$p < 0.05$；**$p < 0.01$

同时也可以看出，学生认知结构的广度与丰富度、整合度、信息检索率显著相关($p <$ 0.01)，也就是说，学生头脑中的知识点越多，知识之间的联系就越紧密，认知结构的整体性就强；认知结构的丰富度与整合度、信息检索率显著相关($p < 0.01$)，即学生如果能将头脑中的知识进行有效的联系，在一定刺激下，学生便能够高效地提取有用的信息用于解决问题。

(二) 信息处理策略与成绩的相关性分析

表 6-8 展示了学生"盐类水解"信息处理策略与纸笔测试成绩的相关性分析结果。从表 6-8 中可以看出，学生纸笔测试成绩与信息处理策略中的情景推理、解释显著相关($p <$ 0.01)，也就是说，成绩高的学生更善于使用较高水平的信息处理策略，即情景推理和解释。同时，学生纸笔测试成绩与信息处理策略中的描述显著相关($p < 0.01$)，说明成绩高的学生运用描述策略的能力也较强。

表 6-8　学生"盐类水解"信息处理策略与纸笔测试成绩的相关性分析结果($N=30$)

	定义	描述	比较和对比	情景推理	解释	成绩
定义		−0.123	0.208	0.060	0.068	0.226
描述			−0.060	0.341	0.455*	0.602**
比较和对比				0.269	−0.036	0.031
情景推理					0.336	0.530**
解释						0.733**

*$p<0.05$；**$p<0.01$

(三) 信息处理策略与认知结构变量的相关性分析

表 6-9 展示了学生"盐类水解"信息处理策略与认知结构变量的相关性分析结果。可以看出，情景推理、解释与认知结构中的广度、丰富度、整合度都显著相关($p<0.01$)，说明良好的认知结构是学生运用较高水平信息处理策略的基础。

表 6-9　学生"盐类水解"信息处理策略与认知结构变量的相关性分析结果($N=30$)

	定义	描述	比较和对比	情景推理	解释
广度	0.164	0.684**	0.175	0.551**	0.771**
丰富度	0.155	0.508**	0.300	0.582**	0.738**
整合度	0.084	0.246	0.251	0.506**	0.518**
错误描述	−0.130	0.296	−0.091	−0.186	−0.086
信息检索率	0.102	0.388*	0.070	0.474**	0.230

*$p<0.05$；**$p<0.01$

定义、比较和对比策略与认知结构变量无显著相关关系，学生在学习"盐类水解"时较少使用这两种信息处理策略。另外，信息处理策略中的描述、情景推理、解释策略与认知结构变量中的广度、丰富度显著相关($p<0.01$)，说明学生在学习盐类水解知识时，倾向于对上述三种策略的运用。同时，信息检索率与情景推理策略显著相关($p<0.01$)，说明学生对该策略的运用有助于提升其相关认知的灵活性。

三、基于认知结构测量的学习困难分析

将学生对这部分知识的掌握情况及错误概念进行归类划分，见表 6-10。

表 6-10　关于"盐类水解"学生回忆的主要概念

类别	种类	学生回忆的主要知识	人数	百分数/%
盐类水解的定义及特征	正确概念	盐类电离出的弱根离子与水电离产生 OH⁻或 H⁺生成弱电解质——弱酸或弱碱。盐与水发生的这种作用称为盐类的水解	6	20.00

续表

类别	种类	学生回忆的主要知识	人数	百分数/%
盐类水解的定义及特征	正确概念	盐类水解反应是可逆反应	12	40.00
	迷思概念	盐类水解是弱酸根离子与水电离出的 OH^- 结合生成弱电解质的过程	2	6.67
		盐类水解就是盐和水的复分解反应，有沉淀、气体或水生成	11	36.67
盐类水解的规律	正确概念	强碱弱酸盐的水溶液显碱性	20	66.67
		强酸弱碱盐的水溶液显酸性	19	63.33
		有弱才水解	12	40.00
		越弱越水解	7	23.33
		无弱不水解	6	20.00
		弱酸弱碱盐溶液的酸碱性由阴、阳离子的相对强弱决定	3	10.00
	迷思概念	有弱酸根离子的盐类才能水解	2	6.67
		只有强酸弱碱盐、强碱弱酸盐两种盐能水解	2	6.67
影响盐类水解平衡的因素	正确概念	影响盐类水解平衡的因素：温度	20	66.67
		影响盐类水解平衡的因素：浓度	16	53.33
		影响盐类水解平衡的因素：外加酸碱等物质	10	33.33
	迷思概念	影响盐类水解平衡的因素：压强	5	16.67
		影响盐类水解平衡的因素：催化剂	2	6.67
盐类水解离子方程式的书写	正确概念	盐类水解离子方程式的书写要使用可逆符号	2	6.67
		盐类水解离子方程式的书写要遵循电荷守恒原则	1	3.33
		多元酸分多步水解	1	3.33
	迷思概念	盐类水解离子方程式书写时要注明物质状态	1	3.33
		盐类水解离子方程式书写时用等号连接	1	3.33
盐的水解常数	正确概念	盐类水解存在水解常数	2	6.67
		盐的水解常数用 K_h 表示	1	3.33
		温度升高，盐的水解常数增大	1	3.33
盐类水解的应用	正确概念	盐类水解的应用：制备 $Fe(OH)_3$ 胶体。在沸水中加入饱和 $FeCl_3$ 溶液，产生红褐色胶体	17	56.67

续表

类别	种类	学生回忆的主要知识	人数	百分数/%
盐类水解的应用	正确概念	盐类水解的应用：明矾净水。胶体吸附性强，可起到净水作用	10	33.33
		盐类水解的应用：除杂	6	20.00
		盐类水解的应用：泡沫灭火器。泡沫灭火器中装的是饱和的 $Al_2(SO_4)_3$ 溶液和 $NaHCO_3$ 溶液	4	13.33
		盐类水解的应用：制备晶体	2	6.67
		盐类水解的应用：除锈。例如，氯化铵可以除去锈上的氧化物	1	3.33
	迷思概念	盐类水解的应用：去除锅炉水垢	5	16.67
		盐类水解提高合成氨的产率	1	3.33
其他	正确概念	盐类的水解平衡属于化学平衡	10	33.33
		盐类水解会促进水的电离	8	26.67
	迷思概念	水解反应是电离的逆反应	1	3.33
		$NaHSO_4$ 显酸性，既水解也电离，并且水解程度大于电离程度	1	3.33
		乙酸水解后呈碱性	1	3.33

(1) 盐类水解的定义及特征：30 名学生中只有 20.00%的学生能够正确描述盐类水解的定义，40.00%的学生能够指出盐类水解反应是可逆反应，表明大多数学生认知结构中没有合理建构这部分知识。另有 6.67%的学生错误地认为盐类水解是弱酸根离子与水电离出的 OH⁻结合生成弱电解质的过程，忽略了盐类电离出的弱碱根离子与水电离出的 H^+ 生成弱酸的过程也属于盐类水解；36.67%的学生认为盐类水解就是盐和水的复分解反应，有沉淀、气体或水生成，这部分学生没有正确地区分盐类水解反应与复分解反应。

(2) 盐类水解的规律：大部分学生在访谈中都有涉及。其中 66.67%的学生指出强碱弱酸盐的水溶液显碱性，63.33%的学生指出强酸弱碱盐的水溶液显酸性，40.00%的学生指出有弱才水解，23.33%的学生指出越弱越水解，20.00%的学生指出无弱不水解，10.00%的学生指出弱酸弱碱盐溶液的酸碱性由阴、阳离子的相对强弱决定。值得注意的是，大部分学生在描述盐类水解的规律时只是利用经验公式从宏观上进行描述，只有 26.67%的学生可以从微粒种类及微粒间相互作用的视角来分析问题，且这部分学生的成绩普遍较高。可以看出多数学生对于盐类水解的规律还只是停留在宏观经验的层面上，对于知识的微观本质缺乏深层理解。另有部分学生表述出现错误：6.67%的学生认为有弱酸根离子的盐类才能水解，忽略了含有弱碱根离子的盐类也能水解的事实；6.67%的学生认为只有强酸弱碱盐、强碱弱酸盐两种盐能水解，忽略了弱酸弱碱盐也能水解的事实。

(3) 影响盐类水解平衡的因素：30 名学生中分别有 66.67%、53.33%、33.33%的学生指出了影响盐类水解平衡的因素包括温度、浓度、外加酸碱等物质。另有部分学生给出了错误描述，16.67%的学生认为影响盐类水解平衡的因素包括压强，6.67%的学生认为影响盐类水解平衡的因素包括催化剂，这揭示了学生在学习中存在错误的前概念，这部分学生在学习盐类水解之前便认为催化剂可以改变化学平衡的方向，因此产生了错误描述。前概念中有一些错误的认识会干扰阻碍学生科学概念的掌握，若不能及时纠正会影响学生对化学新知识的同化和顺应，故而会造成错误理解。

(4) 盐类水解离子方程式的书写：只有少部分学生在访谈过程中提及。6.67%的学生指出盐类水解离子方程式的书写要使用可逆符号，3.33%的学生指出盐类水解离子方程式的书写要遵循电荷守恒原则，3.33%的学生指出多元酸分多步水解，3.33%的学生认为盐类水解离子方程式书写时要注明物质状态，这部分学生并不能很好地区分热化学方程式及盐类水解离子方程之间的异同。盐类离子方程式的书写是盐类水解的一个重点，但是在访谈中能够提到它的学生数量很少，这反映出该部分知识是学生学习过程中的一个薄弱点，教师应适当提高其在教学过程中的比例，加深学生对盐类离子方程式书写的理解和认识。

(5) 盐的水解常数：学生给出的都是正确叙述。6.67%的学生指出盐类水解存在水解常数；3.33%的学生指出盐的水解常数用 K_h 表示；3.33%的学生指出温度升高，盐的水解常数增大，说明学生对这部分知识的理解比较到位。

(6) 盐类水解的应用：56.67%的学生指出制备胶体是盐类水解的一个应用；33.33%的学生提到了明矾净水；20.00%的学生指出利用盐类水解可以除杂；13.33%的学生提到泡沫灭火器是盐类水解的一个应用。但同时有 16.67%的学生认为利用盐类水解可以去除锅炉水垢，这部分学生把难溶电解质溶解平衡的应用当作盐类水解的应用，发生了知识应用上的混淆。

综上所述，学生学习盐类水解的困难主要体现在以下几个方面：不能够正确给出盐类水解的原理及特征；在学习盐类水解的规律时，学生普遍采取的是从宏观角度背诵记忆而不是从微观角度理解记忆的方式，不能真正做到宏微结合；学生对一些易混概念发生混淆。

四、教学策略

对于"盐类水解"，学生的认知结构具有如下特点：

(1) 学生倾向使用描述信息处理策略来建构相关知识，说明学生在学习"盐类水解"这部分知识时，对事实或规律的叙述能力较强。

(2) 纸笔测试成绩越高的学生使用情景推理、解释信息处理策略的能力越强，说明成绩越高的学生更善于将盐类水解的规律应用到具体情境中，且能对溶液呈酸碱性的具体原因做出解释。

(3) 学生使用比较和对比信息处理策略频率较低，说明学生对知识点进行区分的意识不强。学生认知结构中出现的错误描述与没有合理使用比较和对比显著相关：部分学生不能正确区分盐类水解反应与复分解反应，认为盐类水解就是盐和水的复分解反应，有沉淀、气体或水生成；部分学生不能正确区分盐类水解离子方程式和热化学方程式，认为书写盐类水解离子方程式时应注明物质状态；部分学生不能正确区分盐类水解、难溶电解质溶解平衡的应用，认为去除锅炉水垢属于盐类水解的应用。

(4) 从认知结构的内容分析结果来看，学生头脑中存在一些错误的前概念，而这些错误前概念的存在会使学生在学习盐类水解时产生错误描述。具体表现为：部分学生头脑中存在"催化剂可以改变化学平衡方向"的错误前概念，在学习盐类水解时，他们就会产生催化剂可以改变盐类水解平衡方向的错误描述；部分学生认为所有的化学方程式书写时都应用等号连接，这部分学生在书写盐类水解反应方程式时就不能正确使用可逆符号。

据此提出的教学建议有：

(1) 强化宏微结合。通过分析学生的认知结构，可以看出大部分学生(主要是中等生及学困生)只能从宏观层面上认识到盐溶液显一定的酸碱性，却忽视了盐溶液呈现酸碱性的具体原因，在学习盐类水解的规律时，学生普遍采取的是从宏观角度背诵记忆而不是从微观角度理解记忆的方式。教师在盐类水解教学过程中应强化宏微结合，加强学生对盐类水解本质的理解,在教学过程中,应指出盐类水解过程中存在两类平衡体系:水的电离平衡、弱电解质的电离平衡,由于盐类电离出的弱根离子与水电离出的 OH^- 或 H^+ 结合生成弱电解质,溶液中发生了弱电解质的电离平衡,使得原有的水的电离平衡被打破,溶液中 $c(H^+) \neq c(OH^-)$,最终溶液从宏观角度上呈现一定的酸碱性。教师只有在教学过程中强化宏微结合,才能引导学生真正理解盐类水解的本质,进而促进学生良好迁移能力的形成。

(2) 关注学生前概念。教师在盐类水解教学前,应当关注学生的前概念,纠正学生头脑中如催化剂可以改变化学平衡方向、化学方程式书写时均应用等号连接、中和反应可以反应完全等错误前概念。化学前概念具有广泛性、隐蔽性、肤浅性、顽固性等特点,前概念中一些错误的认识会干扰阻碍学生科学概念的掌握,若不能及时纠正会影响学生对新知识的同化和顺应。通过课前诊断了解学生的前概念,纠正学生头脑中的错误概念,为学习"盐类水解"奠定良好基础。

(3) 加强区别教学。在"盐类水解"教学过程中,教师应加强对易混概念的区别教学。认知教育心理学家奥苏贝尔认为,教师在课堂上应遵循整合协调原则,即将新、旧知识的内容加以分析比较,明确相同水平的观点、原理间的异同,指出区别与联系,并对已有认知结构中要素进行重新组合。例如,"水溶液中的离子平衡"的学习中涉及多个平衡体系:电离平衡、水解平衡及溶解平衡,在"盐类水解"教学中,应将水解平衡与其余类型化学平衡之间的异同做一对比,帮助学生区分易混概念,增强学生使用比较和对比信息处理策略的能力。

(4) 培养高级信息处理策略使用能力。在"盐类水解"教学过程中,教师应当积极引导学生使用情景推理、解释信息处理策略。研究发现,频繁使用情景推理、解释高水平信息处理策略的学生,其纸笔测试成绩往往较高。教师在教学过程中应积极引导学生将盐类水解的规律应用到具体情境中,从宏微结合的角度对溶液呈酸碱性的具体原因做出解释,在帮助学生掌握基本知识和技能的基础上,重视培养学生使用高级信息处理策略的能力。

第三节　沉淀溶解平衡

本节选取陕西省西安市某中学高三 30 名学生(按纸笔测试成绩高、中、低各抽取 10 名学生,依次界定为学优生、中等生、学困生)进行纸笔测试及访谈录音(在高三一轮复习结束一周后实施访谈录音)。测试涉及的学科知识内容为人民教育出版社《化学(选修 4)化学反应原理》中的"沉淀溶解平衡"。

一、认知结构流程图

(一) 不同层次学生认知结构流程图

通过转录文本绘制 30 名学生的认知结构流程图。由于篇幅有限,只选择列出了学优生、中等生、学困生各一名学生代表的认知结构流程图,见图 6-7～图 6-9。

从三名学生认知结构的比较可见,学优生认知结构的完备性好、系统性强、抽象性高;中等生认知结构的完备性较好、条理性欠佳、抽象性不高,但会主动通过具体形象的案例来记忆相关知识;学困生认知结构的完备性差,较多的认识缺陷可能是导致其成绩低下的内在原因。

结合图 6-7～图 6-9 可见,学优生的认知顺序遵循了:沉淀溶解平衡的概念内涵(4,即涉及知识点数目,下同)、基本特征(5)、影响因素(3)、平衡常数(6)、应用(2)等从前至后的逻辑顺序,覆盖知识点最为全面且条理分明。其特征为重视概念内涵,聚焦平衡常数与平衡基本

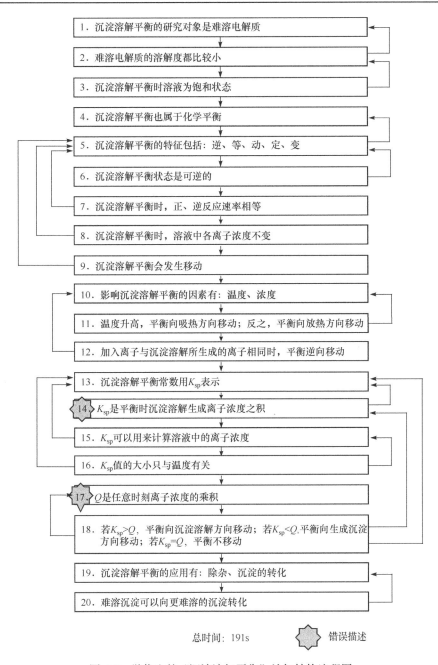

图 6-7　学优生的"沉淀溶解平衡"认知结构流程图

特征，关注特例(如难溶沉淀可以向更难溶的沉淀转化)。中等生同样是从沉淀溶解平衡的概念内涵(2)、基本特征(1)、平衡常数(2)、影响因素(5)、应用(2)等方面进行了表述，覆盖知识点较为全面，但局部存在缺陷(如对基本特征、概念内涵的重视不够)，其特征为聚焦沉淀溶解平衡的影响因素，依赖案例(涉及氢氧化钙、二价铁离子)。学困生主要从沉淀溶解平衡的平衡常数(1)、影响因素(3)两方面进行表述，其认知结构本身存在较多缺陷，对沉淀溶解平衡的概念内涵、基本特征、应用等内容没有建构。

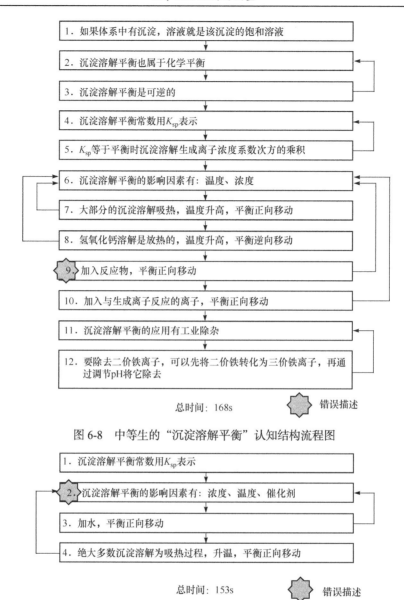

图 6-8　中等生的"沉淀溶解平衡"认知结构流程图

图 6-9　学困生的"沉淀溶解平衡"认知结构流程图

(二) 描述统计

表 6-11 展示了三名学生"沉淀溶解平衡"认知结构变量的统计结果。

表 6-11　三名学生关于"沉淀溶解平衡"的认知结构变量整体结果

认知结构变量	学优生	中等生	学困生
广度	17.63	11.92	7.18
丰富度	13.89	7.92	4.94
整合度	0.43	0.32	0.29
错误描述	0.46	1.87	2.49
信息检索率	0.13	0.11	0.07

由表 6-11 可见，学优生关于"沉淀溶解平衡"的认知结构明显优于中等生和学困生。学优生认知结构的广度、丰富度、整合度、信息检索率均最大，说明其关于"沉淀溶解平衡"知识建构的知识最为完备、知识间的联系丰富、整合度高且知识提取效率最高，认知结构的可应用性最强，整体上明显优于中等生、学困生的认知结构。

二、相关性分析

(一) 认知结构变量与成绩的相关性分析

由表 6-12 可见，学生"沉淀溶解平衡"的纸笔测试成绩与其认知结构的广度、丰富度、信息检索率等分别显著相关($p < 0.01$)。这说明具有高学业水平的学生对相应知识的掌握越完整、知识点之间的联系越多，从而越容易提取相关知识。结合图 6-7～图 6-9 中三名学生认知结构的比较可见，虽然学优生认知结构中知识点数目多且联系紧密，但其信息检索率却明显高于中等生、学困生的主要原因在于其认知的条理性和清晰性更强。较高的信息检索率也是其认知结构可利用性的保证，即信息检索率越高的学生在问题解决中对相关知识的提取会更加有效，问题解决效果更好，成绩也更为突出。

表 6-12　学生"沉淀溶解平衡"认知结构变量与纸笔测试成绩的相关性分析结果($N=30$)

	广度	丰富度	整合度	错误描述	信息检索率	成绩
广度		0.917**	0.556**	0.183	0.808**	0.792**
丰富度			0.707**	0.136	0.776**	0.598**
整合度				−0.052	0.362*	0.304
错误描述					0.091	0.197
信息检索率						0.634**

*$p < 0.05$；**$p < 0.01$

学生认知结构的广度分别与丰富度、整合度、信息检索率等显著相关($p < 0.01$)。导致这一结果可能是由"沉淀溶解平衡"内容本身特征决定的，学生往往需要基于新、旧知识点间的联系来实现对新概念的掌握和学习，导致其认知结构中知识点数量越多(广度越大)，知识点间的联系越丰富(丰富度越大)，而这些联系又会成为学生在回忆该领域知识时有效的"信息提取线索"，增强了其认知结构的可利用性。

(二) 信息处理策略与成绩的相关性分析

由表 6-13 可见，学生纸笔测试成绩与学生对描述策略的使用显著相关($p < 0.01$)，与定义、比较和对比策略的使用也显著相关($p < 0.05$)。这说明学生在学习沉淀溶解平衡时倾向于使用描述这一信息处理策略。联系学生的流程图可以看出：在谈到沉淀溶解平衡的特征时，学生用到的都是描述；在谈到影响因素时，部分学生只罗列了影响因素，并未具体展开这些因素是如何影响平衡的，这说明学生对这一知识的掌握较为浅显，因此很少涉及情景推理、解释这些高水平的信息处理策略；在谈到平衡常数及相关知识时，学生大多使用定义；在谈到沉淀溶解平衡的应用时，学生本应就一些具体应用展开叙述，并做出推理与解释，但学生对该部分知识叙述较少，即使谈到也只是描述并未展开叙述。

表 6-13 学生"沉淀溶解平衡"信息处理策略与纸笔测试成绩的相关性分析结果(N=30)

	定义	描述	比较和对比	情景推理	解释	成绩
定义		0.429*	0.128	0.332	0.170	0.437*
描述			0.158	0.082	−0.011	0.732**
比较和对比				0.366*	−0.347	0.429*
情景推理					0.040	0.221
解释						0.200

*$p<0.05$；**$p<0.01$

综合表 6-13 与学生的叙述可知,学生对"沉淀溶解平衡"的掌握不够深入,较少使用高水平的信息处理策略。

(三) 信息处理策略与认知结构变量的相关性分析

由表 6-14 可知,信息处理策略与认知结构变量有一定的相关性。认知结构变量中的广度与定义、描述、情景推理显著相关;丰富度与定义、描述显著相关,与情景推理具有一定的相关性;整合度与定义、描述有一定的相关性;信息处理策略与描述显著相关,与定义有一定的相关性。我们可以看出在"沉淀溶解平衡"这一主题,学生头脑中知识点越多、知识间联系越紧密,学生越倾向于使用定义、描述、情景推理来进行信息加工,这也就说明了学生对该主题的掌握不够深入,不能灵活使用比较和对比、解释这些高水平信息处理策略。

表 6-14 学生"沉淀溶解平衡"信息处理策略与认知结构变量的相关性分析结果(N=30)

	定义	描述	比较和对比	情景推理	解释
广度	0.695**	0.865**	0.139	0.458**	0.082
丰富度	0.645**	0.784**	0.217	0.402*	−0.041
整合度	0.442*	0.365*	0.267	0.334	−0.119
错误描述	0.231	−0.029	−0.189	0.324	0.129
信息检索率	0.455*	0.788**	0.009	0.266	0.288

*$p<0.05$；**$p<0.01$

三、基于认知结构测量的学习困难分析

将学生对这部分知识的掌握情况及错误概念进行归类划分,见表 6-15。

表 6-15 关于"沉淀溶解平衡"学生回忆的主要概念

类别	种类	学生回忆的主要知识	人数	百分数/%
沉淀溶解平衡的特征	正确概念	叙述内容涉及沉淀溶解平衡的特征	17	56.67
		沉淀溶解平衡的特征有:逆、等、动、定、变	2	6.67
		沉淀溶解是可逆的	11	36.67

类别	种类	学生回忆的主要知识	人数	百分数/%
沉淀溶解平衡的特征	正确概念	沉淀溶解平衡时，正逆反应速率相等	5	16.67
		沉淀溶解平衡是动态平衡	5	16.67
		沉淀溶解平衡时，溶液为饱和状态	3	10.00
		沉淀溶解平衡时，生成离子浓度、沉淀量不再发生变化	3	10.00
		条件发生变化，沉淀溶解平衡状态发生变化	1	3.33
	迷思概念	沉淀溶解平衡时，不再有沉淀生成	1	3.33
沉淀溶解平衡的影响因素	正确概念	叙述内容涉及沉淀溶解平衡的影响因素	26	86.67
		沉淀溶解平衡的影响因素有温度	21	70.00
		沉淀溶解平衡的影响因素有浓度	15	50.00
		沉淀溶解平衡的影响因素有同离子效应	4	13.33
		沉淀溶解平衡的影响因素有沉淀自身性质	4	13.33
		对于大多数沉淀溶解，温度升高，平衡正向移动	5	16.67
		对于氢氧化钙溶解，温度升高，平衡逆向移动	4	13.33
		加水，平衡正向移动	7	23.33
		同离子效应：加入生成离子，平衡逆向移动	4	13.33
		反应离子效应：加入与生成离子反应的离子，平衡右移	3	10.00
	迷思概念	温度升高，平衡正向移动	8	26.67
		加入反应物，平衡正向移动	4	13.33
		沉淀溶解平衡的影响因素有压强	2	6.67
		沉淀溶解平衡的影响因素有催化剂	1	3.33
		增大压强，平衡正向移动	1	3.33
沉淀溶解平衡常数 K_{sp} 及其相关知识	正确概念	叙述内容涉及沉淀溶解平衡常数 K_{sp} 及其相关知识	25	83.33
		沉淀溶解平衡常数为 K_{sp}	15	50.00
		K_{sp} 等于生成离子浓度系数次方的乘积	6	20.00
		举例说明 K_{sp} 表达式的计算方法	2	6.67
		K_{sp} 的影响因素有温度	6	20.00

类别	种类	学生回忆的主要知识	人数	百分数/%
沉淀溶解平衡常数 K_{sp} 及其相关知识	正确概念	K_{sp} 越大，沉淀溶解程度越大；K_{sp} 越小，沉淀溶解程度越小	4	13.33
		溶度积规则	3	10.00
		K_{sp} 的大小与沉淀自身性质有关	2	6.67
		一般情况下，温度升高，K_{sp} 变大	1	3.33
		Q 等于实际情况下生成离子浓度系数次方的乘积	1	3.33
	迷思概念	K_{sp} 越大，沉淀的溶解度越大	3	10.00
		K_{sp} 等于生成离子浓度的乘积	3	10.00
		温度越高，K_{sp} 越大	2	6.67
		沉淀溶解平衡常数为 K	1	3.33
		Q 等于实际情况下生成离子浓度的乘积	1	3.33
沉淀溶解平衡的应用	正确概念	叙述内容涉及沉淀溶解平衡的应用	14	46.67
		沉淀溶解平衡的应用有除杂、提纯	6	20.00
		举例说明沉淀溶解平衡的应用有除杂	3	10.00
		沉淀溶解平衡的应用有沉淀的转化	6	20.00
		难溶沉淀可以转化为更难溶的沉淀	4	13.33
		举例说明沉淀溶解平衡的其他应用	1	3.33
		举例说明沉淀溶解平衡的应用有沉淀的转化	2	6.67
		沉淀溶解平衡的应用有制备物质	1	3.33
	迷思概念	溶解度小的沉淀可以转化为溶解度更小的沉淀	2	6.67
其他	正确概念	沉淀溶解平衡的研究对象为难溶电解质	4	13.33
		沉淀溶解平衡也属于化学平衡	6	20.00
		方程式的书写要用可逆符号	1	3.33
		不同物质在水中的溶解度不同(或沉淀的溶解度较小)	3	10.00
	迷思概念	溶解度的概念	3	10.00

(1) 沉淀溶解平衡的特征：有 56.67%的学生叙述内容涉及沉淀溶解平衡的特征，总体比例不是很高，说明该类知识非本模块的教学重点。谈到"逆"这一特征的学生最多，有 36.67%，但也有少数学生认为沉淀溶解平衡时不再有沉淀生成。分析原因可知，在沉淀溶解平衡状态时宏观表现为难溶物不再溶解，而微观表现为动态平衡，这就要求学生有宏微

结合的思想，教师应利用多种方式帮助学生建立多重表征的学科素养，以促进学生的全方位认知。

(2) 沉淀溶解平衡的影响因素：有86.67%的学生叙述内容涉及沉淀溶解平衡的影响因素，总体比例最高，说明学生对该类知识内容掌握丰富。其中提到温度、浓度影响因素的学生分别占70.00%、50.00%，但谈到温度、浓度对平衡的具体影响的学生较少，且错误描述所占比例较大，这说明学生只能罗列出沉淀溶解平衡的影响因素，但对于这些因素如何影响平衡并不一定清楚。而且部分学生谈到了压强和催化剂，分析原因前者可能是由于学生从化学平衡到沉淀溶解平衡的迁移不正确，忽视了沉淀溶解平衡的体系为固、液两相，不涉及气体，后者可能是由于学生将平衡的影响因素与速率的影响因素混淆。在谈到温度对平衡的影响时，不少学生默认了沉淀溶解为吸热的过程而得出"温度升高，平衡右移"的错误推论，这说明学生对具体知识的掌握不够全面。这就要求教师在教学过程中准确地将相关的知识进行迁移讲解，并指出新、旧知识间的异同点，以便学生类比掌握。此外，教师在教学过程中还应对一些特例进行强调，以便学生对知识的掌握更加科学、全面。

(3) 沉淀溶解平衡常数K_{sp}及其相关知识：沉淀溶解平衡常数为K_{sp}，该模块教学要求学生掌握K_{sp}的计算与应用。从表6-15可知，有83.33%的学生叙述内容涉及沉淀溶解平衡常数K_{sp}及其相关知识，总体比例很高，但谈到K_{sp}计算的学生只占36.67%，且6.67%的学生举例说明、10.00%的学生叙述错误。分析原因可知，该知识内容表述较难，部分学生在访谈时避开对该知识的叙述，但学生在纸笔测试时大多能准确应用。此外，有10.00%的学生认为"K_{sp}越大，沉淀的溶解度越大"，这说明学生对溶解度、溶度积常数概念间的关系不够清楚。

(4) 沉淀溶解平衡的应用：只有46.67%的学生叙述内容涉及沉淀溶解平衡的应用，总体比例较低。只有20.00%的学生叙述内容涉及沉淀的转化，3.33%的学生叙述内容涉及沉淀溶解平衡的其他应用，只有个别学生能联系生活实际，举例说明沉淀溶解平衡在生活生产中的应用。这说明很少有学生能够将知识与具体生活情境相联系，也从侧面反映了学生对知识的综合应用能力较差。这就要求教师在教学过程中应加强化学与生活的联系，加强学生的应用意识。

(5) 其他：20.00%的学生叙述内容涉及沉淀溶解平衡与化学平衡的关系，13.33%的学生叙述内容涉及沉淀溶解平衡的研究对象。10.00%的学生谈到了溶解度的概念且全部叙述错误，考虑到这一概念为初中化学的范畴，这就要求教师在教学过程中应注重初、高中知识的衔接问题，促进学生认知进阶的有序发展。

四、教学策略

(1) 不同学生的认知结构存在一定的差异性。学习成绩较高的学生认知结构的完备性好、系统性强、抽象性高，学习成绩较低的学生认知结构的完备性差，存在较多的认识缺陷。

(2) 学生的纸笔测试成绩与认知结构变量的广度、丰富度、信息检索率显著相关。学生的纸笔测试成绩越高，认知结构中知识点数量越多(广度越大)，知识点间的联系越丰富(丰富度越大)，而这些联系又会成为学生在回忆该领域知识时有效的"信息提取线索"，增强其认知结构的可利用性。

(3) 学生的信息处理策略与认知结构变量有密切的联系，学生更加倾向于使用描述、定义、比较和对比的信息处理策略建构相关知识。对照学生的具体叙述可知，学生对沉淀溶解平衡的掌握不够深入，较少使用情景推理、解释的高水平信息处理策略。

(4) 从内容分析结果来看，学生对"动态平衡""沉淀溶解平衡的影响因素"不能完全掌握；不能学以致用，将所学知识与具体应用联系起来；对相关概念的重视程度不够，且不能将初、高中知识融会贯通。

因此，尝试性地给出以下教学建议：

(1) 教师应注重"宏微结合"的思想，利用多种方式帮助学生建立多重表征的学科素养，以促进学生的全方位认知。

(2) 教师在教学过程中应准确地将相关的知识进行迁移讲解，并指出新、旧知识间的异同点，以便学生类比掌握。教师应对一些特例进行多次强调，以便学生对知识的掌握更加科学、全面。

(3) 教师要重视概念教学，培养学生准确表述、使用化学用语的能力，使学生能够将新、旧知识融会贯通。

(4) 教师要注重情境教学，将知识与具体生活情境相联系，注重对学生情景推理、解释思维能力的训练和培养，让学生在具体情境中进行知识建构。

第七章　氧化还原反应和电化学的认知结构
与学习困难分析

化学理论性知识主要是由一系列化学核心概念群及其相互间关系组成，其中氧化还原反应概念群和电化学概念群是中学化学学习中非常重要的两个核心概念群。氧化还原反应是中学化学学习中无法回避的重要内容，它既是对初中所学化学反应的一个总体提升，是学生从电子得失和元素化合价升降的角度对化学反应本质认识的一种新视角，是学生从更深层次理解化学反应微观本质特征的一种重要思想，也是后续元素及其化合物知识以及电化学知识学习的理论基础，是贯穿整个中学化学知识系统的一条思想主线。电化学主要是研究电能与化学能的相互转化及其规律的学科，包括原电池和电解池，是学生从氧化还原反应的角度认识化学反应中能量转化问题，是氧化还原反应知识的进一步拓展、延伸和应用。

在实际教学中，主要存在两方面教学困难。一方面，概念多、易混淆，学生不易掌握。电化学就是在电的角度分析氧化还原反应，在原来氧化还原反应概念基础上又多了若干组概念，概念多、易混淆，如氧化还原反应主要有"氧化反应"与"还原反应"、"氧化剂"与"还原剂"、"氧化性"与"还原性"、"氧化产物"与"还原产物"等概念；而在电化学中要把这些概念与与正负极、阴阳极、电子移动方向、离子移动方向、电流方向、电子的物质的量、离子浓度变化、pH 变化等联系起来，学生难以理解把握。另一方面，这部分知识理论性较强，在教学中容易产生从理论到理论的教学误区，这样容易导致理论脱离实际，使学生逐渐丧失学习化学的兴趣。

因此，学生在学习氧化还原反应和电化学知识的过程中容易产生学习困难，探查学生氧化还原反应和电化学的认知结构，有助于教师根据测量出的学习困难有针对性地、及时地调整教学策略，转变学生的迷思概念；有利于学生正确诊断自身认知结构存在的学习障碍，从而科学地理解和熟练地掌握氧化还原反应知识内容，并结合电化学装置(原电池或电解池)合理进行分析，促进电化学知识的学习和问题的解决，拓展和延伸氧化还原反应知识应用，实现学生在氧化还原反应和电化学知识整体的认知发展。

第一节　氧化还原反应

本节所选择的课程内容为化学学科高中学段"氧化还原反应"，使用的教科书为人民教育出版社《化学(必修 1)》。被试群体为陕西省西安市某高中同一化学教师任教的高一两个班，按纸笔测验成绩高、中、低各抽取 10 名(依次界定为学优生、中等生、学困生)共 30 名学生，男女比例 1:1。数据采集过程征得校方与教师允许后，在关于"氧化还原反应"教学结束一周后，对学生进行访谈，访谈前已向学生说明研究目的在于了解其相关的学习情况，不会透露其个人信息。

一、认知结构流程图

(一) 不同层次学生认知结构流程图

图 7-1、图 7-2、图 7-3 分别为学优生、中等生、学困生的认知结构流程图。

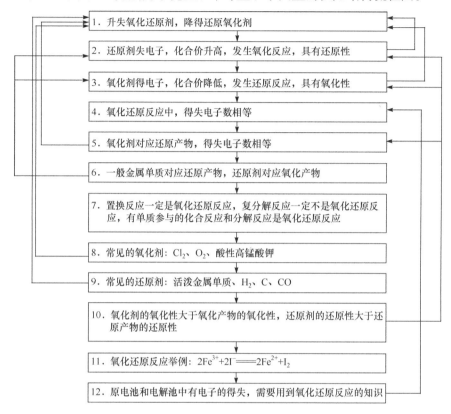

总时间：107s

图 7-1　学优生的"氧化还原反应"认知结构流程图

首先，认知结构的整体性可以代表个体的思维模式，三名学生的思维模式完全不同。相比较而言，学优生和中等生回忆的知识点数目多，知识之间的网络联系也比较丰富，知识的组织系统相对比较完善。尽管学困生也有自己的知识结构，但是其认知结构的整体性明显比学优生和中等生差，需要进一步完善和优化。

其次，关于氧化还原反应的基本知识，学优生基本遵循反应过程中物质发生的变化、四大基本反应类型与氧化还原反应的关系、常见氧化剂/还原剂、反应中物质氧化性/还原性比较、氧化还原反应举例及其应用，但在描述 6～10 中，物质氧化性/还原性与四大基本反映类型与氧化还原反应关系有交叉，层次性略显不足；中等生关于氧化还原反应的基本知识则是遵循氧化还原反应特征、反应过程中物质发生的变化、常见氧化剂/还原剂、方程式配平及其反应应用举例，思路比较清晰、层次分明；学困生对于氧化还原反应的描述主要有物质发生的变化和常见氧化剂/还原剂，描述的知识点太少，层次性较差。

总时间：112s

图 7-2　中等生的"氧化还原反应"认知结构流程图

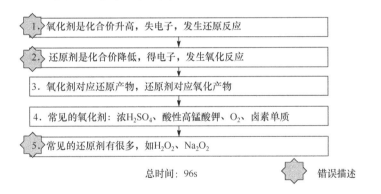

总时间：96s　　　　　　　　　　　⬡ 错误描述

图 7-3　学困生的"氧化还原反应"认知结构流程图

最后，学优生认知结构中涵盖的知识点最多，包括反应中物质变化、反应特征、物质氧化性/还原性比较、四大基本反应类型与氧化还原反应关系、常见氧化剂/还原剂、反应举例及其应用；与学优生相比，中等生的描述没有涉及物质氧化性/还原性的比较和氧化还原反应举例，但是中等生提到了氧化还原反应方程式的配平，所以学优生和中等生有关氧化还原反应的认知结构的广度和深度都比较大；而学困生关于氧化还原反应只有 5 条描述，其中有 3 条错误描述，认知水平很低，知识面较窄，需要进一步提高和优化。

(二) 描述分析

对学生认知结构整体结果进行分析，三组学生认知结构变量和信息处理策略数据的平均值见表 7-1。

表 7-1　三组学生关于"氧化还原反应"的认知结构变量和信息处理策略整体结果

量化维度	类型	学优生	中等生	学困生
认知结构变量	广度	11.8	9.2	5
	丰富度	11	8	4
	整合度	0.52	0.47	0.44
	错误描述	0	0	3
	信息检索率	0.11	0.08	0.05
信息处理策略	定义	1.30	1.45	1.60
	描述	2.00	2.21	1.25
	比较和对比	3.41	2.65	1.05
	情景推理	3.39	2.08	1.00
	解释	1.70	0.81	0.1

由表 7-1 可以看出,有关"氧化还原反应"的认知结构变量,学优生明显优于中等生和学困生,学优生描述的知识点最多,知识点之间的联系也比较丰富,认知结构的整合度和信息检索率都比较高,并且认知结构流程图中没有出现错误描述;相比之下,学困生认知结构的广度、丰富度、整合度、信息检索率都比较低,并且在对知识的描述中有很多错误描述。在访谈中发现学困生在描述知识时不能连续地进行,每个知识点的描述之间都要停留很长时间,导致在很长时间内只能描述很少的知识点,可以看出学困生关于这部分内容的认知水平较低,知识结构比较混乱,在一定的环境刺激下,不能有效地回忆和组织知识,所以认知结构各变量得分都比较低,需要进一步完善和构建认知结构。

二、相关性分析

(一) 认知结构变量与成绩的相关性分析

由表 7-2 可以看出,关于"氧化还原反应"知识内容,学生的纸笔测试成绩与认知结构的广度和丰富度显著相关($p < 0.01$),纸笔测试成绩越高的学生认知结构中知识之间的联系越密切、整合度越强,即学生能将已有知识有效地联系起来,形成一定的有组织、有层次的网状结构时,在解决问题时便能够有效地提取和选择有用的信息。学生认知结构的广度与丰富度、信息检索率显著相关($p < 0.01$),也就是说学生头脑中知识点越多,知识之间的联系就越多,认知结构的整体性就越强,在一定环境刺激下,学生越容易回忆起更多的知识;认知结构的丰富度与整合度、信息检索率也显著相关($p < 0.01$),即学生若能将头脑中的知识进行有效的联系,在一定的刺激下,学生便能有效地提取有用的信息用于解决问题。

表 7-2　学生"氧化还原反应"认知结构变量与纸笔测试成绩的相关性分析结果($N=30$)

	广度	丰富度	整合度	错误描述	信息检索率	成绩
广度		0.786**	0.087	0.032	0.581**	0.475**
丰富度			0.574**	0.121	0.533**	0.566**

续表

	广度	丰富度	整合度	错误描述	信息检索率	成绩
整合度				−0.045	0.190	0.357
错误描述					0.283	0.144
信息检索率						0.451*

*$p<0.05$；**$p<0.01$

(二) 信息处理策略与成绩的相关性分析

由表 7-3 可以看出,关于"氧化还原反应"知识内容,学生的纸笔测试成绩与比较和对比信息处理策略显著相关($p<0.05$),即纸笔测试成绩高的学生在表述知识时倾向于使用比较和对比的信息处理策略。

表 7-3　学生"氧化还原反应"信息处理策略与纸笔测试成绩的相关性分析结果(N=30)

	定义	描述	比较和对比	情景推理	解释	成绩
定义		−0.330	0.019	−0.042	−0.321	−0.070
描述			−0.109	0.346	0.049	0.337
比较和对比				0.063	−0.125	0.362*
情景推理					0.013	0.068
解释						0.123

*$p<0.05$

(三) 信息处理策略与认知结构变量的相关性分析

由表 7-4 可以看出,关于"氧化还原反应"知识内容,学生认知结构的广度与描述、比较和对比、情景推理显著相关($p<0.01$),同时广度也是与最多信息处理策略显著相关的认知结构变量。此外,认知结构的丰富度和信息检索率与描述、比较和对比显著相关($p<0.01$)。错误描述与情景推理显著相关($p<0.05$),这说明学生在推理、归纳时容易出现错误,推理能力还有待提高。

表 7-4　学生"氧化还原反应"信息处理策略与认知结构变量的相关性分析结果(N=30)

	定义	描述	比较和对比	情景推理	解释
广度	−0.020	0.626**	0.709**	0.496**	0.167
丰富度	0.156	0.477**	0.564**	0.230	0.075
整合度	0.071	0.202	−0.121	−0.101	0.027
错误描述	0.062	0.307	0.026	0.403*	0.090
信息检索率	−0.075	0.663**	0.364*	0.046	−0.041

*$p<0.05$；**$p<0.01$

三、基于认知结构测量的学习困难分析

将学生对这部分知识的掌握情况及错误概念进行归类划分，见表7-5。

表 7-5　关于"氧化还原反应"学生回忆的主要概念

类别	种类	学生回忆的主要知识	人数	百分数/%
反应过程中物质变化	正确概念	升失氧化还原剂，降得还原氧化剂	23	76.67
		在反应中，还原剂是化合价升高，失电子，被氧化，发生氧化反应，生成氧化产物	17	56.67
		在反应中，氧化剂是化合价降低，得电子，被还原，发生还原反应，生成还原产物	15	50.00
		失电子的反应是氧化反应，得电子的反应是还原反应	3	10.00
		氧化剂对应还原产物，还原剂对应氧化产物	4	13.33
		氧化剂被还原，发生还原反应；还原剂被氧化，发生氧化反应	4	13.33
		还原剂失电子，发生氧化反应；氧化剂得电子，发生还原反应	2	6.67
	迷思概念	氧化剂是指化合价升高，失电子，发生氧化反应的物质	8	26.67
		还原剂是指化合价降低，得电子，发生还原反应的物质	7	23.33
氧化还原反应特征和实质	正确概念	氧化还原反应是反应中有电子得失和化合价升降的反应	13	43.33
		氧化还原反应中，氧化剂和还原剂化合价发生变化	3	10.00
		氧化还原反应中，得失电子数相等	5	16.67
		在反应过程中，还原剂失电子，把电子给了氧化剂	1	3.33
	迷思概念	氧化还原反应中必须要有气体、沉淀或水生成	2	6.67
常见氧化剂和还原剂	正确概念	常见的氧化剂：酸性高锰酸钾溶液、氯气、Fe^{3+}、氧气、过氧化氢、浓硫酸、硝酸	12	40.00
		常见的氧化剂有氧气，常见的还原剂有H_2、C、CO	1	3.33
		常见的还原剂：活泼金属、氢气、C、CO、I^-	9	30.00
		常见的还原剂：I^-、Fe^{2+}、S^{2-}	2	6.67
	迷思概念	常见的氧化剂：SO_2、$HClO_4$	1	3.33
		常见的氧化剂：Cl_2、Fe^{3+}、Fe^{2+}和F_2	1	3.33
		常见的还原剂有很多，如H_2O_2、Na_2O_2	2	6.67
		常见的还原剂：H_2O_2	3	10.00

续表

类别	种类	学生回忆的主要知识	人数	百分数/%
物质氧化性、还原性比较	正确概念	常见的还原剂：HSO_4^-、SO_3^{2-}、I_2、I^-、Cl^-、Br^-	1	3.33
		物质在反应中显氧化性还是还原性是相对的，要具体比较物质的氧化性或还原性的强弱	4	13.33
		氧化剂的氧化性大于氧化产物的氧化性，还原剂的还原性大于还原产物的还原性	7	23.33
		物质氧化性还原性判断：金属离子如亚铁离子，中间价态可以作氧化剂，也可以作还原剂；而三价铁离子是铁元素的最高价态，一般只能化合价降低，降得还原氧，只能作氧化剂，具有氧化性	1	3.33
		金属性越强，其单质对应还原性越强，非金属行越强，其单质对应氧化性越强	8	26.67
氧化还原反应方程式配平	正确概念	氧化还原反应方程式的配平：根据得失电子数相等配平	16	53.33
		氧化还原反应方程式的配平：根据元素化合价升降配平	8	26.67
		氧化还原反应方程式的配平：根据得失电子和化合价升降配平	2	6.67
		配平注意事项：得失电子守恒，质量守恒	2	6.67
		方程式配平要遵循三个守恒：得失电子守恒、电荷守恒、质量守恒	5	16.67
四大基本反应类型与氧化还原反应关系	正确概念	四大基本反应类型中，置换反应一定是氧化还原反应，有单质参与的化合反应和分解反应是氧化还原反应，复分解反应一定不是氧化还原反应	5	16.67
氧化还原反应举例	正确概念	氧化还原反应举例：$2Fe^{3+} + 2I^- = I_2 + 2Fe^{2+}$	2	6.67
		氧化还原反应举例：$2H_2O_2 = 2H_2O + O_2\uparrow$（$MnO_2$作催化剂），在 H_2O_2 的分解中，H_2O_2 中的氧元素显-1价，在反应中既是氧化剂也是还原剂	1	3.33
		氧化还原反应举例：$2Al + 2NaOH + 2H_2O = 2NaAlO_2 + 3H_2\uparrow$	1	3.33
		对于反应 $Fe + 2Fe^{3+} = 3Fe^{2+}$ 中，铁元素的化合价有 0、+2、+3，反应中化合价只会靠近，不会交叉	1	3.33
		根据反应判断溶液中的离子能否共存，看溶液颜色变化，金属冶炼，原电池，电解池，电极反应	1	3.33

类别	种类	学生回忆的主要知识	人数	百分数/%
氧化还原反应滴定	正确概念	氧化还原反应滴定实验是从酸碱中和滴定实验演变而来，酸碱滴定实验是一个复分解反应，没有电子的得失，不是氧化还原反应，氧化还原滴定实验涉及氧化还原反应，一般有单质生成或有颜色变化	1	3.33
氧化还原反应应用	正确概念	原电池和电解池中有电子得失，需要用到氧化还原反应的知识	6	20.00
		原电池中，正极发生还原反应，负极发生氧化反应	2	6.67
		电解池中，阳极发生氧化反应，阴极发生还原反应	2	6.67
		氧化还原反应应用举例：制备 $FeCl_2$ 溶液时，为防止被氧化，加入少量铁	1	3.33
		氧化还原反应的应用：用于工业冶炼，制备生活中有用的物质	2	6.67

(1) 反应过程中物质变化：学生提及次数最多的知识点是氧化还原反应中的基本概念及其变化，绝大多数学生(76.67%)在访谈开始时都会先提到"升失氧化还原剂，降得还原氧化剂"这句口诀，然后再具体说明氧化剂和还原剂得失电子、化合价升降、被氧化或被还原、发生氧化反应或还原反应及对应的产物，绝大多数学生能够正确描述本部分相关知识；但是还有一部分学生存在错误认识，26.67%的学生认为在反应过程中，氧化剂失电子、化合价升高、发生氧化反应，23.33%的学生认为在反应过程中，还原剂得电子、化合价降低、发生还原反应。

(2) 氧化还原反应特征和实质：只有 43.33%的学生提到反应中有电子得失(或电子对偏移)和化合价升降的反应是氧化还原反应，正确描述了氧化还原反应的本质特征和判断依据；16.67%的学生提到在反应过程中，得失电子数相等；16.67%的学生正确描述了初中所学四大基本反应类型与氧化还原反应的关系；10.00%的学生提到反应过程中，化合价发生变化的是氧化剂和还原剂；此外，在访谈过程中发现，部分学生对于氧化还原反应的认识还存在错误概念，有 6.67%的学生在访谈中提到氧化还原反应必须要有沉淀、气体或水生成，很明显学生将氧化还原反应与复分解反应(或离子反应)发生的条件混淆了，理解出现偏差。

(3) 常见氧化剂和还原剂：40.00%的学生提到常见的氧化剂有酸性高锰酸钾溶液、氯气、氧气、浓硫酸、Fe^{3+} 等，30.00%的学生提到常见的还原剂有活泼金属、氢气、C、CO、I⁻，因为这些都是从初中到高中化学学习中学生经常接触到的氧化剂和还原剂；同时，访谈中学生也存在一些错误概念，6.67%的学生认为 H_2O_2 和 Na_2O_2 是还原剂，3.33%的学生认为 SO_2 和 $HClO_4$ 是氧化剂。

(4) 物质氧化性、还原性比较：只有很少部分的学生提到了物质氧化性和还原性的比较，其中 26.67%的学生提到了元素周期律与物质氧化性还原性的关系，23.33%的学生提到了在氧化还原反应中氧化剂与氧化产物之间的氧化性、还原剂与还原产物之间的还原性大小关系；

13.33%的学生提到在反应中物质是氧化剂还是还原剂要看具体反应中物质氧化性、还原性的大小。可见，对于物质氧化性/还原性的判断，学生都有自己的判断标准和依据。

(5) 氧化还原反应方程式配平：53.33%的学生提到要根据得失电子数相等和化合价升降进行氧化还原反应方程式的配平；16.67%的学生提到方程式配平要遵循得失电子守恒、电荷守恒和质量守恒。

(6) 氧化还原反应举例：极少数学生提到了氧化还原反应的例子，包括 $2Fe^{3+} + 2I^- == I_2 + 2Fe^{2+}$、$2H_2O_2 == 2H_2O + O_2\uparrow$、$2Al + 2NaOH + 2H_2O == 2NaAlO_2 + 3H_2\uparrow$、$Fe + 2Fe^{3+} == 3Fe^{2+}$。

(7) 氧化还原反应应用：20.00%的学生提到在原电池和电解池中要用到氧化还原反应的相关知识，6.67%的学生还进一步描述了原电池的正、负极和电解池的阴、阳极发生的反应类型；3.33%的学生提到在配制 $FeCl_2$ 溶液时需采用氧化还原反应知识；6.67%的学生只是笼统地提到了氧化还原反应可用于工业冶炼。可见，对于氧化还原反应的应用，学生整体认知水平不是很高。

通过对学生访谈结果的内容分析，可以直观地看出学生对于特定知识领域知识的主要错误概念，如学生的氧化还原反应学习中，错误概念主要出现在反应中物质的得失电子、化合价升降情况和氧化剂/还原剂的判断。

四、教学策略

通过认知结构变量与成绩的相关性分析结果可以发现，学生若能将头脑中的知识进行有效的联系，在一定的刺激下，学生便能有效地提取有用的信息用于解决问题，因此在教学中应注意培养学生对知识进行有效联系的能力。

通过对信息处理策略与成绩的相关性进行分析，可以看出纸笔测试成绩高的学生在描述知识时倾向于使用描述、比较和对比及情景推理等逻辑水平较高的信息处理策略，因此在教学中需要注意对学生信息处理策略的指导和帮助。

根据学习困难统计结果可以看出，学生头脑中关于氧化还原反应的基本知识结构不够完善。氧化还原反应方程式的配平是氧化还原反应的重点和难点，学生关于这部分知识的整体认知较低，在教学中应注意加强。对于氧化还原反应的应用，学生的整体认知水平不高，在教学中应对此部分知识增加教学量。氧化还原反应中"反应物中元素化合价降低，该反应物为氧化剂被还原，发生还原反应；反应物中元素化合价升高，该反应物为还原剂被氧化，发生氧化反应"，许多学生在记忆这几者之间关系时容易混淆，这就要求教师在课堂教学中重视这一教学内容，通过学生的随堂练习来巩固相关知识。

第二节　原　电　池

本节所选择的课程内容为化学学科高中学段"原电池"，使用的教科书为人民教育出版社《化学(选修4)化学反应原理》。被试群体为陕西省西安市某中学某化学教师任教的高二7班、16班，按纸笔测试成绩抽取26名学生，男女比例1∶1。数据采集过程征得校方与教师允许后，记录教师讲授"原电池"相关章节的整个教学过程；教学结束一周后，对学生进行访谈，访谈前已向学生说明研究目的在于了解"原电池"的学习情况。

一、认知结构流程图

(一) 不同层次学生认知结构流程图

通过转录文本绘制 26 名学生的认知结构流程图。由于篇幅有限，只选择列出了学优生、中等生、学困生各一名学生代表的认知结构流程图，见图 7-4～图 7-6。

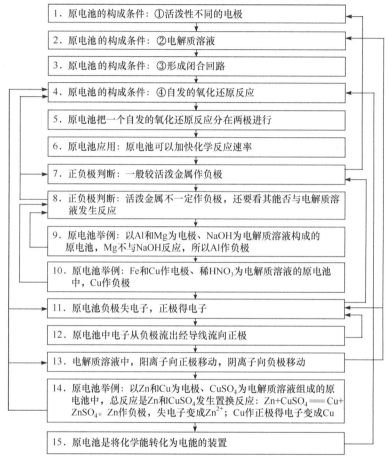

1. 原电池的构成条件：①活泼性不同的电极
2. 原电池的构成条件：②电解质溶液
3. 原电池的构成条件：③形成闭合回路
4. 原电池的构成条件：④自发的氧化还原反应
5. 原电池把一个自发的氧化还原反应分在两极进行
6. 原电池应用：原电池可以加快化学反应速率
7. 正负极判断：一般较活泼金属作负极
8. 正负极判断：活泼金属不一定作负极，还要看其能否与电解质溶液发生反应
9. 原电池举例：以Al和Mg为电极、NaOH为电解质溶液构成的原电池，Mg不与NaOH反应，所以Al作负极
10. 原电池举例：Fe和Cu作电极、稀HNO_3为电解质溶液的原电池中，Cu作负极
11. 原电池负极失电子，正极得电子
12. 原电池中电子从负极流出经导线流向正极
13. 电解质溶液中，阳离子向正极移动，阴离子向负极移动
14. 原电池举例：以Zn和Cu为电极、$CuSO_4$为电解质溶液组成的原电池中，总反应是Zn和$CuSO_4$发生置换反应：$Zn+CuSO_4 \rightleftharpoons Cu+ZnSO_4$。Zn作负极，失电子变成$Zn^{2+}$；Cu作正极得电子变成Cu
15. 原电池是将化学能转化为电能的装置

总时间：137s

图 7-4　学优生的"原电池"认知结构流程图

认知结构的整体性：学优生有关"原电池"回忆的知识点数较多，知识点之间的网络联系也较多，认知结构的整体性较好；相比而言，中等生和学困生的认知结构的整体性较差，尤其是学困生回忆知识点数少，知识之间的联系也不多，认知结构的整体性较差，需要进一步完善和优化。

认知结构的层次性：学优生对于原电池基本知识的描述基本框架为原电池的构成条件—原电池本质—原电池应用—原电池正负极判断—原电池电荷移动，思路清晰，层次分明，认知结构的层次性较好；中等生回忆顺序为原电池概念—原电池正负极判断—原电池的构成条件—原电池应用—电极反应式书写，但未涉及原电池的电荷移动；学困生则明显是知识的随意堆积，认知结构的层次性较差。

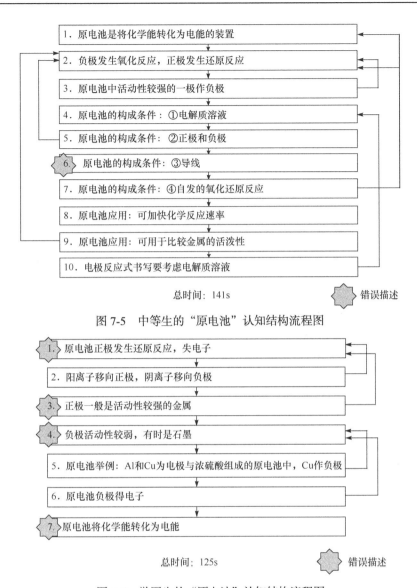

图 7-5　中等生的"原电池"认知结构流程图

图 7-6　学困生的"原电池"认知结构流程图

　　认知结构的广度和深度：学优生对原电池的知识描述比较全面，涉及正负极判断、正负极反应、构成条件、电荷移动方向、举例、应用及其概念，尤其是对正负极判断指出不能只看电极活动性大小，而是根据发生氧化反应或还原反应确定正负极，并举出两个原电池例子进一步说明，认知结构的深度和广度都比较高；中等生提到了原电池的概念、构成条件、正负极判断、原电池应用、电极反应式书写，没有提到原电池的电荷移动方向，涵盖知识内容不全面，其广度和深度不如学优生好；学困生只描述了电荷移动方向、正负极判断，知识不够全面，并且描述中含有很多错误概念，认知面比较狭窄，需要进一步完善和优化。

(二) 描述统计

　　对学生认知结构整体结果进行分析，三组学生认知结构变量和信息处理策略数据的平均值见表 7-6。

表 7-6　三组学生关于"原电池"的认知结构变量和信息处理策略整体结果

量化维度	类型	学优生	中等生	学困生
认知结构变量	广度	16.63	9.22	6.78
	丰富度	12.38	6.56	3.44
	整合度	0.43	0.42	0.34
	错误描述	0.38	0.78	4.67
	信息检索率	0.11	0.06	0.04
信息处理策略	定义	0.75	0.33	0.33
	描述	12.13	7.33	5.67
	比较和对比	2.38	1.00	0.56
	情景推理	0.88	0.44	0.22
	解释	0.50	0.11	0.00

由表 7-6 可以看出，学优生认知结构的广度、丰富度、整合度和信息检索率均较高，错误描述少，说明学优生的认知结构较为完善，该部分知识的理解基本到位，知识体系构建完整。相比之下，中等生和学困生的认知结构各变量均低于学优生，其中学困生的广度、丰富度、整合度、信息检索率均为最低，并且存在很多错误描述，说明学困生对于该部分知识理解不够，知识体系不够系统化、网络化，缺乏整合性。

通过对信息处理策略统计可以看出，学优生的定义、描述、比较和对比、情景推理、解释均高于中等生和学困生，说明学优生能够结合自身实际情况根据知识内容选择合理的信息处理策略进行学习；中等生次之，学困生较差。

二、相关性分析

(一) 认知结构变量与成绩的相关性分析

对学生"原电池"认知结构变量与纸笔测试成绩进行相关性分析，结果如表 7-7 所示。

表 7-7　学生"原电池"认知结构变量与纸笔测试成绩的相关性分析结果($N=26$)

	广度	丰富度	整合度	错误描述	信息检索率	成绩
广度		0.848**	0.374	−0.172	0.881**	0.889**
丰富度			0.773**	−0.270	0.624**	0.889**
整合度				−0.346	0.124	0.609**
错误描述					−0.106	−0.278
信息检索率						0.761**
成绩						

**$p<0.01$

由表 7-7 可以看出，关于"原电池"主题，学生的纸笔测试成绩与认知结构的广度、丰富度、整合度和信息检索率显著相关($p<0.01$)，表明成绩较好的学生相关认知结构中的知识点越多，知识间联系越紧密，知识的整合度越大，信息检索率越高。此外，认知结构的广度与丰富度、信息

检索率都显著相关($p<0.01$)，说明学生头脑中的知识越多，相应知识间的联系就越多，学生在一定的刺激下提取信息的速度就越快。一定程度上说明学生的认知水平较高，知识系统性越强，更能有效地回忆和组织知识。丰富度与整合度、信息检索率也显著相关($p<0.01$)，说明学生所描述的知识之间的联系越大，认知结构的整体性就越强，学生在一定的刺激下提取信息的速度就越快。可见，学习成绩较好的学生认知结构优于学习成绩较差的学生，认知结构较为完善。

(二) 信息处理策略与成绩的相关性分析

对学生"原电池"信息处理策略与纸笔测试成绩进行相关性分析，结果如表 7-8 所示。

表 7-8　学生"原电池"信息处理策略与纸笔测试成绩的相关性分析结果($N=26$)

	定义	描述	比较和对比	情景推理	解释	成绩
定义		−0.016	−0.217	0.170	0.136	0.228
描述			−0.351	0.014	−0.292	0.238
比较和对比				0.022	0.648**	0.454*
情景推理					0.198	0.587**
解释						0.524**
成绩						

*$p<0.05$；**$p<0.01$

由表 7-8 可见，关于"原电池"主题，学生的纸笔测试成绩与比较和对比、情景推理、解释等水平较高的信息处理策略显著相关，尤其与情景推理、解释等策略显著相关($p<0.01$)，说明在组织知识时善于使用高水平信息处理策略的学生更容易获得高成绩，这也进一步反映了"原电池"内容(包括相关习题)本身难度较大，对学生思维水平的要求较高。从表中还可看出，解释、比较和对比显著相关($p<0.01$)，说明学生在建构"原电池"认知结构时更倾向于比较和对比与解释策略的联合使用，尤其在理解原电池工作原理的相关原因或依据原理分析问题时更愿意结合比较和对比的思维方式。例如，学生在解释原电池电解质溶液中阳离子的移动方向时，先描述阴离子向负极移动，然后对应提出阳离子会向正极移动。

(三) 信息处理策略与认知结构变量的相关性分析

对学生"原电池"信息处理策略与认知结构变量进行相关性分析，结果如表 7-9 所示。

表 7-9　学生"原电池"信息处理策略与认知结构变量的相关性分析结果($N=26$)

	定义	描述	比较和对比	情景推理	解释
广度	0.241	0.319	0.363	0.743**	0.548**
丰富度	0.156	0.059	0.617**	0.519**	0.682**
整合度	0.015	−0.193	0.592**	0.143	0.462*
错误描述	−0.308	0.077	0.000	−0.113	−0.166
信息检索率	0.409*	0.362	0.105	0.729**	0.367

*$p<0.05$；**$p<0.01$

由表 7-9 可以看出，关于"原电池"主题，学生对情景推理、解释等高水平信息处理策略的使用与其认知结构的广度、丰富度显著相关($p < 0.01$)，这印证了学生基础知识掌握的全面、深入程度是其进行知识灵活运用或解决问题的必要条件。学生对比较和对比策略的使用与其认知结构的丰富度、整合度显著相关($p < 0.01$)，这说明学生对"原电池"相关知识点进行整合时更多地使用了比较和对比的策略建立概念间的联系。学生对情景推理策略的使用也与其信息检索率显著相关($p < 0.01$)，这说明建构"原电池"认知结构时对情景推理策略的依赖性更强的学生在后续知识回忆中表现得更加快速，这也在已有研究中得到了印证(认为学生对原电池的认识受"铜锌原电池"例子或模型的影响较大)。

三、基于认知结构测量的学习困难分析

通过对学生的认知结构内容统计分析、归纳分类，可以看出学生对具体知识点的掌握情况。对学生所表述的主要知识点进行统计，结果见表 7-10。

表 7-10　关于"原电池"学生回忆的主要概念

类别	种类	学生回忆的主要知识	人数	百分数/%
原电池定义	正确概念	原电池是将化学能转化成电能的装置	9	34.62
		原电池是将自发氧化还原反应分在不同区域进行，从而产生电流的装置	3	11.54
原电池构成条件	正确概念	原电池的构成条件：电解质溶液	21	80.77
		原电池的构成条件：电极	17	65.38
		原电池的构成条件：形成闭合回路	10	38.46
		原电池的构成条件：自发的氧化还原反应	11	42.31
	迷思概念	原电池的构成条件：活泼性不同的金属作两极	4	15.38
		原电池的构成条件：必须有导线	5	19.23
正负极判断	正确概念	根据电极材料判断：一般情况下，负极为较活泼金属	14	53.85
		根据电极反应判断：负极失电子，发生氧化反应；正极得电子，发生还原反应	8	30.77
		根据电子流向判断：电子流出的一极为负极，流入的一极为正极	6	23.08
		活动性强的金属不一定作负极，还要考虑金属能否与电解质溶液发生反应	5	19.23
		根据反应现象判断：一般情况下，质量增加或有气体生成的一极为正极，质量减少的是负极	3	11.54
	迷思概念	根据电极材料判断：活泼金属一定作负极	6	23.08
		根据电子流向判断：电子流出的一极为正极，流入的一极为负极	3	11.54

续表

类别	种类	学生回忆的主要知识	人数	百分数/%
正负极判断	迷思概念	根据电极反应判断：正极发生氧化反应；负极发生还原反应	5	19.23
		根据反应现象判断：负极质量一定减少；正极质量一定增加	3	11.54
电荷移动方向	正确概念	电解质溶液中，阳离子向正极移动，阴离子向负极移动	6	23.08
		电子由负极经外电路移向正极	11	42.31
		电子在导线中移动，离子在电解质溶液中移动	5	19.23
	迷思概念	负极带正电，吸引阴离子向负极移动，正极带负电，吸引阴离子向正极移动	10	38.46
		电子由负极经导线流向正极，再从正极经由电解质溶液流回负极	4	15.38
		电解质溶液中，阴离子向正极移动，阳离子向负极移动	6	23.08
		电子由正极经外电路移向负极	3	11.54
电极反应和电池反应	正确概念	电极反应式书写：负极升失氧，正极降得还	10	38.46
		正负极得失电子数相等	3	11.54
	迷思概念	电极反应式书写：正极升失氧，负极降得还	4	15.38
		负极金属失电子，正极氢离子或氢后的金属离子得电子		23.08
		电解质溶液一定参与电极反应	3	11.54
原电池举例	正确概念	以 Zn、Cu 为电极，稀 H_2SO_4 为电解质溶液组成的原电池中，Zn 作负极：$Zn-2e^- = Zn^{2+}$；Cu 作正极：$2H^+ + 2e^- = H_2\uparrow$	6	23.08
		以 Zn、Cu 为电极，$CuSO_4$ 为电解质溶液构成的原电池中，Zn 作负极：$Zn-2e^- = Zn^{2+}$；Cu 作正极：$Cu^{2+} + 2e^- = Cu$	4	15.38
		Mg 和 Al 作电极，NaOH 为电解质溶液构成的原电池中，Mg 较活泼，但 Al 作负极	4	15.38
		以 Fe、Cu 作电极，浓 H_2SO_4 为电解质溶液构成的原电池中，Cu 作负极	3	11.54
	迷思概念	以 Fe、Cu 为电极，稀 H_2SO_4 为电解质溶液组成的原电池中，Fe 作负极：$Fe-3e^- = Fe^{3+}$；Cu 作正极：$2H^+ + 2e^- = H_2\uparrow$	3	11.54
原电池原理的应用	正确概念	原电池可加快反应速率	5	19.23
		金属防护：牺牲阴极的阳极保护法	8	30.77
		制作电池	7	26.92
	迷思概念	金属防护：电镀或喷漆	4	15.38

(1) 原电池定义：学生对原电池的定义的学习不够重视。超过半数的学生没有将原电池定义整合到认知结构中。34.62%的学生能从化学能的角度认识原电池；11.54%的学生能从化学能和化学反应两个角度认识原电池。

(2) 原电池构成条件：80.77%的学生提到要形成原电池必须有电解质溶液，65.38%的学生提到原电池要有电极；38.46%的学生提到要形成闭合回路；42.31%的学生提到要有自发的氧化还原反应。其中仅有13.33%的学生同时提出了这四个构成条件，可见对于原电池的构成条件，学生的认知水平还有待提高。同时，有些学生对于原电池的构成条件还存在一些错误认识，15.38%的学生认为要形成原电池必须有活泼金属作电极；19.23%的学生认为形成原电池必须有导线。

(3) 正负极判断：53.85%的学生提出一般情况下，负极为较活泼的金属，正极为相对不活泼的金属或导电的非金属；30.77%的学生提到用得失电子和发生氧化/还原反应判断原电池的正负极；23.08%的学生提到电子流出的一极是负极，电子流入的一极是正极；还有少数学生提到用电子流向和实验现象判断正负极。同时，有极少部分学生存在错误认识，23.08%的学生认为活泼金属一定作负极，这部分学生忽略了电解质溶液对电极反应的影响；19.23%的学生不能根据电极反应正确判断正负极；11.54%的学生不能正确根据电子的流向判断正负极；还有11.54%的学生认为负极质量一定减少，正极质量一定增加。根据现象判断正负极是可行的，但不是绝对的，要根据具体的电池反应方程式才能够做出正确的判断。

(4) 电荷移动方向：该部分知识是学生学习原电池的重点，也是学生容易混淆的地方。42.31%的学生正确描述了原电池中电子移动方向；23.08%的学生正确描述了电解质溶液中阴、阳离子的移动方向；19.23%的学生正确描述了原电池中电子和离子的移动区域。同时，还有一部分学生存在错误认识，38.46%的学生认为负极带正电，吸引阴离子向负极移动，正极带负电，吸引阴离子向正极移动；23.08%的学生描述在电解质溶液中，阳离子向负极移动，阴离子向正极移动；15.38%的学生电子认为由负极经导线流向正极，再从正极经由电解质溶液流回负极；还有11.54%的学生认为外电路中，电子由正极移向负极。

(5) 电极反应和电池反应：该部分知识是原电池学习的重点，也是难点，需要学生正确地将氧化还原反应知识和原电池相关理论结合做出正确分析。38.46%的学生正确描述了原电池中正负极得失电子以及发生氧化反应还是还原反应的相关内容；但只有极少数学生提到了书写电极反应方程式的具体注意事项。同时，还有部分学生存在错误认识，23.08%的学生认为负极金属失电子，正极氢离子或氢后的金属离子得电子；15.38%的学生认为正极失电子发生氧化反应，负极得电子发生还原反应；11.54%的学生认为电解质溶液一定参与电极反应。

(6) 原电池举例：有一部分学生也举了一些常见原电池的例子，并正确写出了原电池的电极反应方程式或电池反应方程式，包括 Cu-Zn-稀 H_2SO_4 原电池、Mg-Al-NaOH 溶液原电池、Cu-Fe-稀 H_2SO_4 溶液原电池等。但是还有相当一部分学生不能举出例子，他们对于原电池知识的学习仅停留在理论层面，需进一步加强。

(7) 原电池原理的应用：有关原电池的应用有很多，包括生活中使用的各种电池、金属防腐、判断金属活动性等。只有30.77%的学生提到了可用于金属防护，26.92%的学生提到了化学电源；19.23%的学生认为原电池可加快反应速率。可见，学生对于原电池的应用部分知识有所欠缺，教师在教学过程中应注重理论教学与生产生活实际联系起来，扩大学生的知识面。同时，对于原电池的应用，还有一部分学生存在错误认识，15.38%的学生将原电池的应用与电解原理的应用混淆了，认为利用电镀保护金属是利用了原电池的原理。

　　综上所述，学生学习原电池的困难主要集中在原电池的正负极判断、电荷移动、电极反应式书写等方面。其中38.46%的学生不能正确判断正负极，主要表现为：对正负极规定认识不清、对电极反应类型判断错误、将金属活动性顺序作为电极判断绝对标准；53.85%的学生没有正确理解电荷的移动流向，主要表现为：不清楚电子和离子的正确流向，认为电子会在电解质溶液中移动，认为电极本身带电或有电荷聚集并导致离子的流动等；49.25%的学生在电极反应式书写方面存在困难，主要表现为：不能正确判断电极反应物和电极产物，不知道电极反应式的配平方法和步骤。

四、教学策略

　　(1) 学生学习成绩与认知结构变量及其信息处理策略关系密切。学习成绩较好的学生认知结构的广度、丰富度、整合度、错误描述、信息检索率等认知结构变量均优于学习成绩较差的学生，在建构知识时更善于使用高水平信息处理策略，如情景推理、解释等。建议：教师在教学中除了用纸笔测试成绩评价学生的学习和认知情况外，还可以尝试将流程图运用于学生的测量与评价中，以便更好地了解学生的学习情况，有针对性地开展有效教学。

　　(2) 学生更倾向于用比较和对比的策略建立"原电池"知识间的联系。"原电池"内容中有大量的对称性概念组，学生在"原电池"认知建构中，更倾向于用比较和对比的思维方式建立起诸多概念间的相互联系，这类联系是其认知结构丰富性的主要因素，这表明知识本身的结构特点会影响学生学习的思维方式。建议：教师应充分理解教学内容的特点，并重视其对学生思维方式的培养作用，如教师可以结合原电池教学内容培养学生比较和对比的思维方式。

　　(3) 具体情境对学生"原电池"知识的建构过程有正、负作用。对具体情境依赖更强的学生在后续回忆该内容时表现得更加迅速和灵活。但是，学生对某一情境(如铜锌原电池为例)过分依赖也会导致知识缺失和思维定势，抑制了其概念形成中的抽象过程，导致概念难以被建构并迁移于新情境。建议：教师应针对"原电池"知识丰富样例的形式和内容，采用问题、讨论等多种形式引导学生对典型和非典型样例、正例和反例进行深入思考，帮助学生理解概念的内涵和外延，准确建立相关概念，增强概念在学生认知结构中的可利用性。

　　(4) 学生的"原电池"认知结构中存在大量的错误概念。很多学生通过死记硬背学习该部分内容，没有建立宏观、微观、符号三重表征之间的有机联系并且持有一些错误的前概念，导致其在原电池正负极判断、电荷移动、电极反应式书写方面存在较多的错误概念。建议：教师可采用丰富教学手段(如计算机模拟动画)将抽象的原电池工作原理直观化，帮助学生建立宏观现象和微观原理的联系，促进学生对原电池工作原理微观本质的理解。此外，教师在"原电池"教学前，可利用课前诊断测试了解学生的前概念，夯实氧化还原反应等相关知识基础，针对性地运用恰当的概念转变教学策略，帮助学生形成科学观点。

第三节　电　解　池

　　本节所选择的课程内容为化学学科高中学段"电解池"，使用的教科书为人民教育出版社《化学(选修4)化学反应原理》。被试群体为陕西省西安市某中学高三年级22名学生(其中7名优等生、8名中等生、7名学困生)。此时学生已经学完有关电化学的全部内容知识，知识结构体系较为完善，内容脉络较为清晰，重难点知识掌握得较为透彻。研究者实施流程图法对学生关于电解池的认知结构进行测查，研究学生之间认知结构异同与学习困难点，并提出有效的教学建议。

一、认知结构流程图

(一) 不同层次学生认知结构流程图

通过转录文本绘制 22 名学生的认知结构流程图。由于篇幅有限，只选择列出了学优生、中等生、学困生各一名学生代表的认知结构流程图，见图 7-7~图 7-9 。

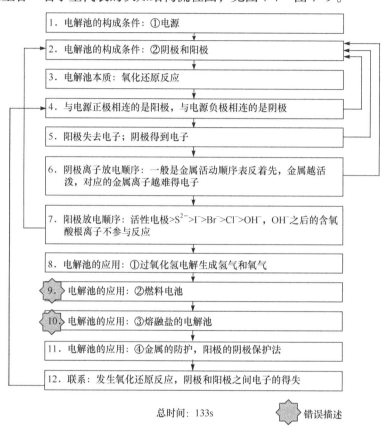

总时间: 133s　　　　错误描述

图 7-7　学优生的"电解池"认知结构流程图

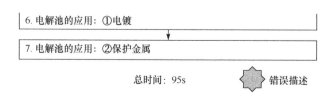

总时间: 95s　　　　错误描述

图 7-8　中等生的"电解池"认知结构流程图

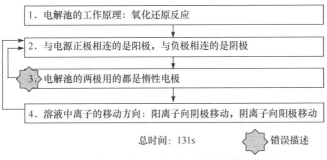

图 7-9　学困生的"电解池"认知结构流程图

认知结构的整体性：学优生关于"电解池"回忆的知识点的数目较多，知识之间的联系也比较丰富，认知结构的整体性相对比较完善；中等生和学困生相对来说认知结构的整体性有所欠缺，尤其是学困生回忆的知识点数目少，并且知识之间的网络联系也不紧密，认知结构需要进一步完善和优化。

认知结构的层次性：学优生关于"电解池"的知识描述基本顺序为：先从电解池的构成条件、阴阳极规定、阴阳极电极反应、离子移动方向、阴阳极离子放电顺序、电解池的工作原理和电解原理的应用，知识描述稍有交叉，但总的来说认知结构条理清楚、层次分明；中等生的描述基本框架为电解池的构成条件、阴阳极规定、电解池的工作原理、电解池的应用，思路清晰、条理清楚、层次分明；学困生的认知结构没有条理，层次性较差，很明显是知识的随意堆积，关于电解池内容的认知结构层次性不足。

认知结构的广度和深度：学优生对于"电解池"的核心概念掌握得比较全面，从电解池装置、电解池的构成条件、两极反应规律、电解原理及应用、电荷移动方向、阴阳极离子放电顺序去整体把握电解池的知识。中等生主要掌握了电解池的构成条件、两极反应规律、电解原理及应用的知识，知识的深度和广度稍有欠缺。学困生只了解了电解池装置、电荷移动方向部分知识，描述涵盖知识面更狭窄，对具体知识点描述的深度也不够，同时还存在错误描述，认知结构还需进一步完善和修正。

(二) 描述统计

对学生认知结构整体结果进行分析，三组学生认知结构变量和信息处理策略数据的平均值见表 7-11。

表 7-11　三组学生关于"电解池"的认知结构变量和信息处理策略整体结果($N=22$)

量化维度	类型	学优生	中等生	学困生
认知结构变量	广度	6.42	8	4.71
	丰富度	3.29	3.57	2.14
	整合度	0.34	0.30	0.22
	错误描述	0.57	0.86	0.57
	信息检索率	0.05	0.06	0.058
信息处理策略	定义	0.14	0.14	0.29
	描述	5	6.14	3.71
	比较和对比	0.14	0.14	0.57
	情景推理	1	1.29	0.14
	解释	0.14	0.29	0

由表 7-11 中可以看出，学优生对于"电解池"知识关于广度与丰富度的认知结构变量比中等生稍差，但认知结构变量中的整合度优于中等生，且错误描述比中等生少，与此同时信息检索率比中等生低。

在信息处理策略中，学优生、中等生与学困生都倾向于使用描述的信息处理策略。相比之下，学困生的定义信息处理策略较多，中等生的情景推理策略与解释策略应用较多。

二、相关性分析

(一) 认知结构变量与成绩的相关性分析

从表 7-12 可以看出，学生的纸笔测试成绩与认知结构的广度、丰富度及信息检索率不相关。但是，学生认知结构的广度与丰富度显著相关($p<0.01$)，并且认知结构的广度与错误描述显著相关($p<0.05$)，认知结构的丰富度与整合度显著相关($p<0.01$)。

表 7-12　学生"电解池"认知结构变量与纸笔测试成绩的相关性分析结果(N=22)

	广度	丰富度	整合度	错误描述	信息检索率	成绩
广度		0.815**	0.304	0.453*	0.377	0.293
丰富度			0.700**	0.322	0.058	0.356
整合度				0.153	0.160	0.389
错误描述					0.127	0.074
信息检索率						0.270

*$p<0.05$；**$p<0.01$

(二) 信息处理策略与成绩的相关性分析

由表 7-13 中数据可知，学生关于电解池的信息处理策略与纸笔测试成绩之间不存在显著相关关系。

表 7-13　学生"电解池"信息处理策略与纸笔测试成绩的相关性分析结果(N=22)

	定义	描述	比较和对比	情景推理	解释	成绩
定义		0.010	−0.239	−0.285	0.156	−0.338
描述			0.024	−0.035	−0.142	0.289
比较和对比				0.182	−0.201	−0.146
情景推理					−0.077	0.214
解释						0.048

(三) 信息处理策略与认知结构变量的相关性分析

从表 7-14 中可以看出，认知结构的广度、丰富度、错误描述均与描述信息处理策略显著相关($p<0.01$)，认知结构变量的信息检索率与定义信息处理策略显著相关($p<0.05$)。

表 7-14　学生"电解池"信息处理策略与认知结构变量的相关性分析结果($N=22$)

	定义	描述	比较和对比	情景推理	解释
广度	−0.003	0.954**	0.035	0.203	−0.073
丰富度	−0.291	0.731**	0.159	0.351	−0.051
整合度	−0.254	0.219	0.055	0.320	0.091
错误描述	0.069	0.539**	0.129	0.046	0.221
信息检索率	0.456*	0.276	−0.153	0.046	0.221

*$p<0.05$；**$p<0.01$

三、基于认知结构测量的学习困难分析

将学生对这部分知识的掌握情况及错误概念进行归类划分，见表 7-15。

表 7-15　关于"电解池"学生回忆的主要概念

类别	种类	学生回忆的主要知识	人数	百分数/%
电解池装置	正确概念	电解池是将电能转化成化学能的装置	4	18.18
		电解池的工作原理是在外接电源作用下，促使一些氧化还原反应的发生	7	31.82
		电解池对应的是电池充电过程	3	13.64
电解池的构成条件	正确概念	电解池的构成条件：有阴极和阳极两个电极	14	63.64
		电解池的构成条件：电解质溶液	4	18.18
		电解池的构成条件：有外接电源	5	22.73
		电解池的构成条件：形成闭合回路	2	9.09
	迷思概念	电解池的构成条件：盐桥	1	4.54
两极反应规律	正确概念	电解池中，与电源正极相连的是阳极，与电源负极相连的是阴极	12	54.54
		阳极失电子，阴极得电子	8	36.36
		阳极失电子，发生氧化反应；阴极得电子，发生还原反应	12	54.54
		电解池与原电池相类比，阴极的反应式是把原电池阳极的反应式反过来写，阳极是把正极的反应式反过来写，产物是原电池的反应物	1	4.54
		电解池中发生的具体反应要根据电极材料和电解质溶液中阴、阳离子放电顺序具体判断，若阳极为活性电极，阳极一般是活性电极失电子，若是惰性电极，则是电解电解质溶液	2	9.09

类别	种类	学生回忆的主要知识	人数	百分数/%
两极反应规律	正确概念	与原电池相比，阳极对应的是原电池的正极，阴极对应的是原电池的负极	1	4.54
	迷思概念	电解池的两极用的都是惰性电极	1	4.54
		与原电池相比，阳极对应的是原电池的正极，阴极对应的是原电池的负极	2	9.09
		若用活泼金属作电极材料，则电解两极的金属	1	4.54
电解原理及应用	正确概念	电解池的应用：保护金属，牺牲阳极的阴极保护法	3	13.64
		电解池的应用：如电解精炼铜，在一极接精铜，另一极接粗铜，粗铜连电源正极，失电子，粗铜中的铜及活泼金属杂质变成金属离子，铜离子在另一极得电子聚集，生成纯度更高的铜或其他金属	2	9.09
		电解池的应用：电镀，如往镀件上镀一些不活泼的金属，阴极是镀件，阳极是镀层金属，电解质溶液为含镀层金属离子的溶液	5	22.73
		电解池举例：电解 $CuCl_2$ 水溶液，阳极失电子，反应为：$2Cl^--2e^-\!=\!Cl_2\uparrow$，阴极是 Cu^{2+} 得电子，反应为：$Cu^{2+}+2e^-\!=\!Cu$	1	4.54
		电解池应用：电解过氧化氢，生成氢气和氧气	1	4.54
		电解池应用：电解氯化钠，工业制备氯气和氢氧化钠	1	4.54
		电解池应用：保护金属，防腐蚀	3	13.64
		电解池应用：贵金属提炼	1	4.54
		电解池应用：阳极得到阳极泥等贵重金属	1	4.54
	迷思概念	电解池的应用，电镀，保护金属，如轮船上牺牲锌或比较便宜的金属保护轮船	1	4.54
		电解池与金属的电化学腐蚀有关，如吸氧腐蚀和析氢腐蚀	1	4.54
		电解池的应用：把其他形式的能量转化成电能储存起来	1	4.54
		电解池的应用：熔融盐的电解池	1	4.54
		电解池的应用：燃料电池	1	4.54
电荷移动方向	正确概念	电解质溶液中，阳离子移向阴极，阴离子移向阳极	10	45.45
	迷思概念	阳离子向阳极移动，阴离子向阴极移动	1	4.54

续表

类别	种类	学生回忆的主要知识	人数	百分数/%
阴、阳极离子放电顺序	正确概念	阴极阳离子放电顺序：金属活动性越弱，对应金属阳离子越先得电子放电，一般在 H^+ 之后的离子不放电，而是溶液中的 H^+ 得电子放电	4	18.18
		阳极阴离子放电顺序：活性电极$>S^{2-}>I^->Br^->Cl^->OH^-$，$OH^-$ 之后的离子不参与反应，因为任何溶液中都有 OH^-	4	18.18
	迷思概念	阴极放电顺序：在氢之前，如氯离子、溴离子在氢之前反应	1	4.54
		阴极放电顺序：强的金属离子一定大于比它弱的金属离子	1	4.54

(1) 电解池装置：学生掌握的情况欠佳，提到电解池能量的转化、电解池工作原理与电解池对应电池充放电的关系人数较少(18.18%、31.82%、13.64%)。但学生在电解池装置知识部分不存在迷思概念。

(2) 电解池的构成条件：学生掌握得不是很全面。学生正确回答出电解池构成条件有阴阳极(63.64%)、电解质溶液(18.18%)、外接电源(22.73%)、闭合回路(9.09%)，存在的迷思概念是学生认为电解池构成条件有盐桥，但人数很少(4.54%)。出现这种情况的原因有可能是学生未将电解池的构成条件与原电池的构成条件区分开。

(3) 两极反应规律：对于两极的反应规律，学生的掌握情况一般。学生可以正确回答出电极的连接、得失电子、氧化还原反应、电解池的阴阳极与原电池的正负极之间的关系，但人数较少(54.54%、36.36%、54.54%、4.54%、9.09%、4.54%)。对于两极的反应规律存在的迷思概念是电解池两极所用的材料、阴阳极与正负极之间的关系、所用电极对反应的影响，但人数较少(4.54%、9.09%、4.54%)。原因可能是学生对于电解池的反应原理不清楚以及对电解池与原电池之间的区别没有完全理解。

(4) 电解原理及应用：电解池的应用，学生一般可以举出部分例子，如精炼铜、电镀、电解氯化钠、贵金属提炼等。但存在较多的迷思概念，如轮船的保护、析氢腐蚀、吸氧腐蚀与燃料电池等。原因可能是学生未区分清楚原电池与电解池的应用。

(5) 电荷移动方向：对于电荷的移动方向，学生的掌握情况一般。正确回答的人数较少(45.45%)，回答错误的人数较少(4.54%)。

(6) 阴、阳极离子放电顺序：学生对于阴、阳极的放电顺序掌握情况较差，正确回答且掌握的人数较少(18.18%)。阴、阳极放电顺序均存在迷思概念(4.54%、4.54%)。

综上所述，学生学习电解池的困难在于电解池的应用、两极反应规律以及阴阳极放电顺序。主要体现在三个方面：首先，对于这些重要知识，学生提到的人数不多；其次，学生存在较多的迷思概念；最后，在这些知识中，学生容易混淆原电池知识与电解池知识。

四、教学策略

通过对学生关于电解池知识的认知结构和信息处理策略的分析，发现学生对于电解池知识的掌握情况一般。首先，学生对电解池知识掌握的全面性不够、层次性不够且差异性较大；其次，学生对于电解池部分存在的迷思概念较多且分布较广；最后，学生对电解池与原电池的区分不是非常清楚。

针对以上情况，提出以下教学建议：

(1) 学生的认知结构变量与成绩的相关性不好。在教学时，教师应努力找出原因，对症下药。

(2) 在电解池知识部分，学生均倾向于使用描述的信息处理策略，而其他信息处理策略使用较少。在教学时，教师应注重引导学生多使用比较和对比、情景推理及解释的信息处理策略，使学生更深刻、透彻地理解电解池知识与概念，同时更清晰地区分电解池与原电池。

(3) 学生在电解池的应用、两极反应规律以及阴阳极放电顺序知识上存在较多的迷思概念。在教学时，教师在这些知识的讲解上应更加留意学生的掌握情况，并因材施教、对症下药。

(4) 由于学生容易混淆原电池与电解池，所以教师应多使用对比教学策略与模型，使学生更直观地认识与了解电解池。

第八章 元素及其化合物的认知结构
与学习困难分析

元素及其化合物知识蕴含着丰富的科学思维方法，是学生系统认识化学知识的开始，更是学生化学观念形成的重要阶段。元素化合物的学习可以分为三个阶段：在初期阶段(初、高中衔接)，学生通过化学实验和联系生产生活情境，建立金属、非金属、酸、碱、盐、氧化物的共性，初步建立"类"的概念，主要发展自身实验、观察、分类比较的科学思维方法；在具体性质认识阶段，学生学会应用化学基本原理，如氧化还原反应理论分析典型物质具有的性质和可能的变化，并通过化学实验探究和验证物质性质，理解和整合化学方程式，发展自身的实验控制和化学用语整理的科学思维方法；在构、位、性阶段，学生在元素周期表(律)等初步结构理论的指导下，重新统整元素化合物的知识，并上升至类别、族的高度，用"构、位、性"理论迁移陌生的、类似的元素化合物，并构建起同一周期和同一主族的相似性和递变规律，发展自身假说、模型、科学抽象的科学思维方法。

元素及其化合物知识在中学化学知识中占有举足轻重的地位，然而其内容从课程标准到教材都是散点式的，分布广且涉及面宽，实际教学中很难达到学科培养目标。学生普遍觉得元素化合物知识繁杂散乱、易懂难学、易混淆难记忆。因此，探测学生头脑中知识的组织方式显得尤为重要。本章采用流程图法对学生有关"元素及其化合物"的认知结构进行了系统的测查，分别从定性和定量两方面分析学生在"元素及其化合物"学习中的个体认知结构差异，全面测查学生的学习困难，并给出了相应的教学建议。另外，通过分析学生在该部分内容学习下的信息处理策略，从而提出更好的优化学生认知结构的策略，促进学生的有意义学习。

第一节 铝及其化合物

本节选取西安市某中学高一年级 30 名学生为研究对象，按照纸笔测试成绩选取前 10 名、中间 10 名、后 10 名(依次界定为学优生、中等生、学困生)进行测试。

一、认知结构流程图

(一) 不同层次学生认知结构流程图

通过转录文本绘制 30 名学生的认知结构流程图。由于篇幅有限，只选择列出了学优生、中等生、学困生各一名学生代表的认知结构流程图，见图 8-1～图 8-3。

图 8-1　学优生的"铝及其化合物"认知结构流程图

（流程图内容如下：）

1. 铝单质银白色金属，具有金属光泽

2. 在空气中被氧化成氧化铝

3. 氧化铝是一层致密的氧化膜

4. 氧化铝的熔点很高，而铝的熔点很低

5. 如果加热铝箔，铝熔化而不滴落，因为氧化铝没有熔化

6. 在做铝的实验时需要用砂纸进行打磨，目的是除去氧化膜

7. 金属铝既可以和酸反应，又可以和碱反应

8. 铝单质与酸反应，是置换反应，生成盐和氢气，如铝与盐酸反应生成氢气和氯化铝

9. 活泼金属具有能够和水反应的能力

10. 铝可以先和水反应，再继续和碱反应，如铝可以和氢氧化钠反应生成偏铝酸钠和氢气

11. 金属铝可以和金属氧化物反应，生成铝的氧化物和金属

12. 铝热反应会放出大量的热，利用这个特点可以制作铝热剂

13. 铝可以和盐反应，发生置换反应，可以将铝之后的金属置换出来

14. 氧化铝是两性氧化物，既可以和酸反应又可以和碱反应

15. 氧化铝可以和酸反应，生成水和铝盐

16. 氧化铝可以和碱反应，生成水和偏铝酸盐

17. 氢氧化铝可以写成Al(OH)$_3$，也可以写成H$_3$AlO$_3$，也可以称为铝酸

18. 可以看出来氢氧化铝具有两性，既可以和酸反应，又可以和碱反应

19. 氢氧化铝有两种电离方法，一种是酸式电离；另一种是碱式电离

20. 氢氧化铝和酸反应生成水和铝盐

21. 氢氧化铝和碱反应生成水和偏铝酸盐

22. 氢氧化铝加热分解生成氧化铝

23. 偏铝酸盐可以和酸反应

24. 偏铝酸盐和适量酸反应：生成氢氧化铝；偏铝酸盐和过量酸反应：氢氧化铝会与过量的酸反应

25. 制备氢氧化铝不可以用强酸，可以用弱酸

26. 制备氢氧化铝常用二氧化碳与偏铝酸钠反应生成氢氧化铝与碳酸氢钠

27. 铝离子可以和氢氧根反应，与少量氢氧根反应生成氢氧化铝过量，生成的氢氧化铝会继续和碱生成偏铝酸盐

28. 如果要制备氢氧化铝，可以向铝离子中加入弱碱，如一水合氨

总时间：247s

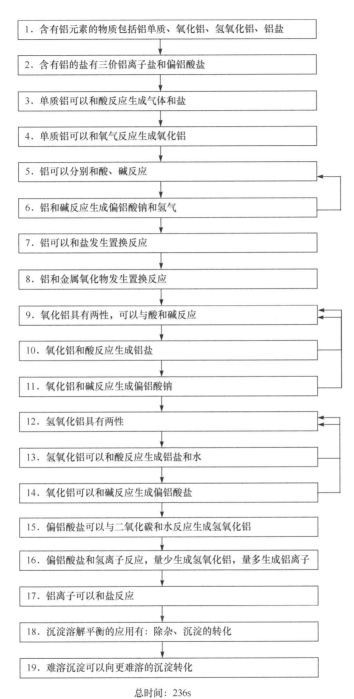

1. 含有铝元素的物质包括铝单质、氧化铝、氢氧化铝、铝盐

2. 含有铝的盐有三价铝离子盐和偏铝酸盐

3. 单质铝可以和酸反应生成气体和盐

4. 单质铝可以和氧气反应生成氧化铝

5. 铝可以分别和酸、碱反应

6. 铝和碱反应生成偏铝酸钠和氢气

7. 铝可以和盐发生置换反应

8. 铝和金属氧化物发生置换反应

9. 氧化铝具有两性，可以与酸和碱反应

10. 氧化铝和酸反应生成铝盐

11. 氧化铝和碱反应生成偏铝酸钠

12. 氢氧化铝具有两性

13. 氢氧化铝可以和酸反应生成铝盐和水

14. 氧化铝可以和碱反应生成偏铝酸盐

15. 偏铝酸盐可以与二氧化碳和水反应生成氢氧化铝

16. 偏铝酸盐和氢离子反应，量少生成氢氧化铝，量多生成铝离子

17. 铝离子可以和盐反应

18. 沉淀溶解平衡的应用有：除杂、沉淀的转化

19. 难溶沉淀可以向更难溶的沉淀转化

总时间：236s

图 8-2　中等生的"铝及其化合物"认知结构流程图

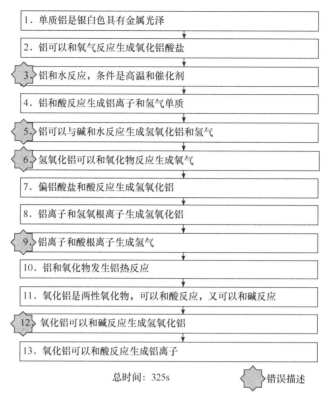

图 8-3　学困生的"铝及其化合物"认知结构流程图

(二) 描述统计

认知结构的整体性：学优生关于"铝及其化合物"内容回忆起的知识点明显多于中等生与学困生，并且知识点之间的网络关系联系较为紧密；而中等生与学困生在知识点的数目和知识点之间的网络联系上都不如学优生的好，尤其学困生，其认知结构整体性较差，有待完善与优化。

认知结构的层次性：学优生在知识点的顺序上按照单质铝、氧化铝、氢氧化铝、偏铝酸盐、三价铝盐的排列顺序进行叙述，在每种物质的叙述中又基本按照物理性质、化学性质、制备方法的顺序进行描述。并且学优生能够按照先总体再部分的逻辑顺序进行叙述，如在描述 14、描述 15、描述 16 中，先说明氧化铝具有两性，既可以与酸发生反应又可以与碱发生反应，再分别描述氧化铝与酸发生反应的产物以及氧化铝与碱发生反应的产物。由此可看出学优生的认知结构思路清晰，层次性较强。中等生在知识点的排列顺序上也基本遵从了铝、氧化铝、氢氧化铝、两种铝盐的顺序展开叙述，但是相较于学优生，其在每个知识点内部的逻辑结构显得不够完整，并且在偏铝酸盐与三价铝盐的相关性质叙述中出现交叉，认知结构的层次性略显不足。而学困生在知识点的排布上缺乏层次性，不同物质的性质交替出现，没有特定顺序。

认知结构的深度与广度：学优生认知结构中所涉及的知识点最多，包括铝单质、氧化铝、氢氧化铝、偏铝酸盐、三价铝离子几种物质的物理性质及化学性质，铝单质化学性质的应用(铝热反应)、验证氧化铝物理性的实验(加热铝箔)以及氢氧化铝的基本方法等。在认知结构的深度上，学优生的描述知识点所涉及的逻辑水平较高。例如，解释了金属铝能够和碱发生反应的原理是金属铝能够和水反应生成氢氧化铝；其次，在描述氢氧化铝的性质时，描述了氢氧化铝的酸式化学式和碱式化学式，且分别说明了氢氧化铝不同的电离方式，从物质电离的角度解释了氢氧化铝为什么被称为两性氢氧化物；在氢氧化铝的制备这一知识点中，说明了为什么要用弱酸及弱碱进行制备，并给出了具体的物质进行举例说明。相较于学优生，中等生的描述广度较为狭隘，并未提及相关物质的物理性质、制备方法、应用等内容。其次，在认知结构的深度上，中等生的描述仅对物质的化学性质进行描述，未进行解释与举例说明。而从学困生的描述中可看出，其认知结构中知识点的数目较少，主要涉及物质的物理及化学性质且错误较多。在认知结构的深度上，其描述也只停留在简单性质的复述水平。由此可看出，学困生对于铝及其化合物知识的认知水平较低，需要进一步完善和优化。

对学生认知结构整体结果进行分析，三名学生认知结构变量数据的平均值见表 8-1。

表 8-1　三名学生关于"铝及其化合物"的认知结构变量整体结果

认知结构变量	学优生	中等生	学困生
广度	28	19	13
丰富度	15	5	2
整合度	0.35	0.20	0.13
错误描述	0	0	5
信息检索率	0.12	0.08	0.04

从表 8-1 中可看出，学优生在认知结构的广度、丰富度、整合度和信息检索率上都优于中等生与学困生，并且在其叙述过程中没有错误描述的出现。中等生在知识点的数目以及知识的整合程度上略显不足，但是出现错误描述的数目较少。而学困生所回忆的知识点数目明显低于其他两位学生，并且其中错误描述较多，说明学困生对于"铝及其化合物"部分知识的掌握水平较低，认知结构需要进一步完善的优化。

二、相关性分析

从表 8-2 中可看出，在广度、丰富度、整合度、错误描述和信息检索率这五个认知结构变量之间，丰富度与广度显著相关($p<0.01$)，说明在学生的认知结构中，其知识点之间的联系也就越丰富。其次，整合度与广度和丰富度显著相关($p<0.01$)，说明学生在"铝及其化合物"部分知识的认知结构中，知识点的内容越丰富，知识点之间的联系越密切，学生的知识结构整合程度也就越高。最后，认知结构中的信息检索率与广度、丰富度这两个变量之间也呈现出了较高的正相关性($p<0.05$)。

表 8-2　学生"铝及其化合物"认知结构变量与纸笔测试成绩的相关性分析结果($N=30$)

	广度	丰富度	整合度	错误描述	信息检索率	成绩
广度		0.897**	0.655**	−0.069	0.373*	0.911**
丰富度			0.820**	−0.069	0.399*	0.825**
整合度				−0.309	0.302	0.747**
错误描述					0.059	−0.364*
信息检索率						0.388*
成绩						

*$p<0.05$；**$p<0.01$

而在纸笔测试成绩与认知结构变量的相关性分析中可看到，在"铝及其化合物"部分的知识内容中，学生的纸笔测试成绩与其认知结构变量中的广度、丰富度和整合度都显著相关($p<0.01$)，与信息检索率也呈现出较高的相关性($p<0.05$)，而与错误描述呈现负相关($p<0.05$)。这说明当学生认知结构中知识点的数目越多且知识点之间的联系越丰富，知识的整体性较好时，学生成绩往往越高。而当学生的认知结构中出现的错误概念越多时，其成绩往往越低。

三、基于认知结构测量的学习困难分析

通过对学生"铝及其化合物"知识的掌握情况以及错误概念进行统计分析(表 8-3)，得到以下结论：

(1) 学生对于"铝及其化合物"知识的掌握程度大多处于识记水平。从分析结果可看出，对于"铝及其化合物"中较为简单的知识，学生所表现出的识记能力较强。但是，对于铝单质与碱反应的原理、三价铝盐与过量强碱的反应历程以及偏铝酸盐与过量强酸的反应历程等反应原理、反应历程的知识，在访谈过程中提及的人数较少。据此可看出，学生对于此部分知识的掌握程度大多处于简单识记的水平，而对于较为复杂的知识，学生的掌握程度并不高。

(2) 对于物质实际应用知识积累较少。从分析结果可看出，在访谈过程中对于物质的实际应用的知识提及较少。根据研究者的了解，其原因在于教师在课堂中并不以此部分内容作为教学重点进行讲解，并且在讲解时多以语言简单叙述为主，因此并不能让学生留下深刻印象。

(3) 学生的错误概念多为不同知识之间的相互混淆。从分析结果可看出，学生的错误概念集中出现在不同物质性质之间的混淆。例如，单质铝和氧化铝物理性质的混淆，氧化铝和氢氧化铝分解产物的混淆，铝单质、氧化铝、氢氧化铝和三价铝离子与碱反应产物的混淆，以及具有两性物质判断的混淆等。分析其原因在于学生在学习"铝及其化合物"知识时，没有形成良好的知识网络系统，而在不同知识之间产生了负迁移，即不同知识之间产生了影响和干扰。

表 8-3　关于"铝及其化合物"学生回忆的主要概念

类别	种类	学生回忆的主要知识	人数	百分数/%
铝单质的物理性质	正确概念	银白色金属，硬度和密度小，具有良好的导电导热性和延展性	28	93.33
	迷思概念	铝的熔点高、硬度大	3	10.00
铝单质的化学性质	正确概念	铝单质化学性质活泼，具有较强的还原性	7	23.33
		单质铝可以与非金属单质(氧气、氯气)反应	21	70.00
		单质铝可以与酸溶液反应生成三价铝盐和氢气	25	83.33
		单质铝可以与碱溶液反应生偏铝酸盐和氢气	24	80.00
		铝单质与碱发生反应的实质是先与水发生反应，生成氢氧化铝与氢气，氢氧化铝再与碱发生反应生成偏铝酸盐	2	6.67
		单质铝可以与部分盐溶液(金属阳离子)发生置换反应	15	50.00

续表

类别	种类	学生回忆的主要知识	人数	百分数/%
铝单质的化学性质	正确概念	单质铝可以与某些金属氧化物发生铝热反应	13	43.33
	迷思概念	铝单质与碱反应生成氢氧化铝沉淀和水	7	23.33
氧化铝的制备与应用	正确概念	工业上利用电解熔融氧化铝制备铝单质	2	6.67
		铝单质常用作导电材料或铝热剂	4	13.33
氧化铝的化学性质	正确概念	白色固体、熔点高、硬度大、不溶于水	5	16.66
		灼烧铝箔，铝箔会发生熔化，但是不会滴落，因为氧化铝的熔点较高	1	3.33
		金属铝因为外层有致密氧化膜包被，所以在空气中能够防止被氧化	23	76.67
		氧化铝属于两性氧化物，既可以与酸反应，又可以与碱反应	13	43.33
		氧化铝与酸反应生成三价铝离子盐和水	25	83.33
		氧化铝与碱反应生成偏铝酸盐和水	24	80.00
	迷思概念	氧化铝与碱发生反应生成氢氧化铝沉淀和水	9	30.00
氢氧化铝的制备与应用	正确概念	氧化铝俗称刚玉，常用作装饰品	1	3.33
氢氧化铝的物理性质	正确概念	氢氧化铝不溶于水，是一种白色沉淀	6	20.00
		氢氧化铝形成胶体时，具有强的吸附性	2	6.67
氢氧化铝的化学性质	正确概念	氢氧化铝属于两性氢氧化物，既可以与酸反应，又可以与碱反应	14	46.67
		氢氧化铝有两种电离方式：酸式电离与碱式电离	1	3.33
		氢氧化铝与酸反应生成三价铝盐与水	26	86.67
		氢氧化铝与碱反应生成偏铝酸盐和水	25	83.33
		氢氧化铝具有不稳定性，加热分解为氧化铝和水	11	36.67
	迷思概念	氢氧化铝与过量的碱发生反应先生成偏铝酸根，再生成三价铝离子	3	10.00
		氢氧化铝受热分解生成氧化铝和氧气	3	10.00
铝盐的制备与应用	正确概念	氢氧化铝(胶体)常用于净水	2	6.67
		氢氧化铝可利用二价铝离子盐(氯化铝或硫酸铝等)与弱碱(氨水)制备；也可以利用偏铝酸盐(偏铝酸钠)与弱酸(二氧化碳)反应制备；还可以利用三价铝离子盐与偏铝酸盐的双水解反应来制备	4	13.33
		氢氧化铝可治疗胃酸过多	1	3.33

类别	种类	学生回忆的主要知识	人数	百分数/%
三价铝盐	正确概念	三价铝离子盐可以与碱发生反应	23	76.67
		三价铝离子与少量强碱(1∶3)生成氢氧化铝沉淀, 过量(1∶4)碱生成偏铝酸盐	6	20.00
		三价铝离子盐可以与弱碱发生反应, 生成氢氧化铝沉淀	10	33.33
	迷思概念	三价铝离子既可以与酸反应, 又可以与碱反应	7	23.33
		三价铝离子可以与酸反应生成偏铝酸盐	4	13.33
偏铝酸盐	正确概念	偏铝酸盐可以与酸反应	19	63.33
		偏铝酸盐与少量强酸(1∶1)生成氢氧化铝沉淀, 过量(1∶4)生成三价铝离子	4	13.33
		偏铝酸盐可以与二氧化碳和水反应, 生成氢氧化铝沉淀	11	36.67
	迷思概念	偏铝酸盐既可以与酸反应, 又可以与碱反应	6	20.00
		偏铝酸盐可以与碱生成氢氧化铝	5	16.67

四、教学策略

(1) 针对学生元素及其化合物知识学习现状、铝及其化合物内容分析中"多数学生对于知识的掌握处于识记水平"的问题, 教师应引导学生运用相关理论将复杂知识系统化、结构化; 在教学过程中应注重知识形成的过程性; 纠正学生不科学的学习方法, 合理利用化学实验, 形成"结合实验学知识"的意识; 使用精细加工策略中的类比、联想及图解等方式, 以促进知识的有效内化。

(2) 针对学生"铝及其化合物的应用"的学习困难, 可以倡导学生用化学的视角观察身边的物质和发生的事情, 体会科学技术在社会生活中所起的重大作用, 激发学习的热情, 培养社会责任感; 针对学生"反应物量不同, 产物不同"的学习困难, 可以设置相关实验, 培养学生观察能力和描述记录实验现象的能力, 并学会运用"宏观—微观—符号"这一化学学科特有的思维方式分析性质实验宏观现象背后的微观本质。针对学生"将不同知识相互混淆"的学习困难, 可以采用物质之间相互转化的反应图辅助教学, 帮助学生从实验事实中整理出铝及其化合物变化的规律, 更清楚地认识铝及其化合物之间的相互联系。

第二节　氯及其化合物

本节选取西安市某中学高一年级 30 名学生为研究对象, 按照纸笔测试成绩选取前 10 名、中间 10 名、后 10 名(依次界定为学优生、中等生、学困生)进行测试。

一、认知结构流程图

(一) 不同层次学生认知结构流程图

通过转录文本绘制 30 名学生的认知结构流程图。由于篇幅有限，只选择列出了学优生、中等生、学困生各一名学生代表的认知结构流程图，见图 8-4～图 8-6。

图 8-4　学优生的"氯及其化合物"认知结构流程图

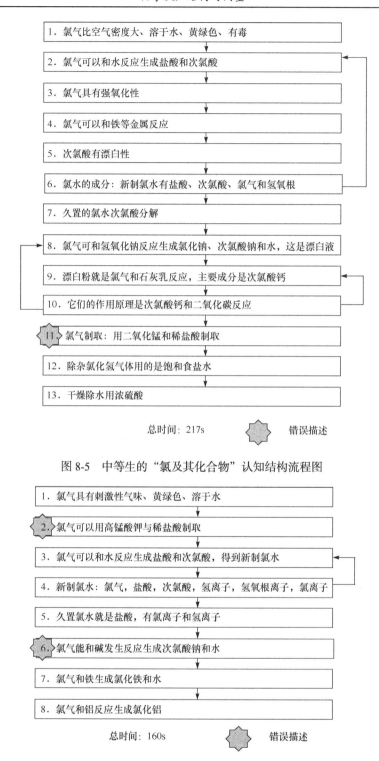

图 8-5　中等生的"氯及其化合物"认知结构流程图

图 8-6　学困生的"氯及其化合物"认知结构流程图

(二) 描述统计

认知结构的整体性：学优生关于"氯及其化合物"内容中的知识点数目较多，并且学优生所描述的知识点之间的网络联系较多，在认知结构的整体性上明显优于中等生和学困生。中等生和学困生所描述的知识点数目较少，且出现了错误描述，尤其学困生，在认知结构的整体性上缺乏知识间的网络联系。

认知结构的层次性：学优生对于"氯及其化合物"相关知识点的描述按照氯气的物理性质、化学性质以及氯气的制备三个方面进行叙述。而在氯气与水反应的化学性质中，进一步叙述了氯水的性质与成分以及次氯酸的相关化学性质；在氯气与碱反应的化学性质中，进一步叙述了漂白粉、漂白液的制备方法、作用和失效原理。可看出，学优生对于知识点的描述逐层递进、思路清晰，其认知结构具有良好的层次性。中等生对于"氯及其化合物"相关知识点的描述基本也按照氯气的物理性质、化学性质以及制备方法的顺序进行描述，并且在相关的化学性质中分别对氯水、次氯酸、次氯酸钠以及次氯酸钙的性质进行了简单的描述，由此可见中等生的认知结构也具有较好的层次性。而学困生的认知结构在整体性上就有所缺乏，不同物质的物理性质以及化学性质。

认知结构的广度与深度：在认知结构的广度上，学优生描述的知识点最多，涵盖的物质包括氯气、次氯酸、次氯酸盐，并从物理性质、化学性质、制备方法等方面进行了描述，可看出学优生认知结构的广度较广。而中等生与学困生在描述时所回忆出的知识点较少，在学困生所描述的知识点中，并没有出现次氯酸、次氯酸盐等物质的性质。在认知结构的深度上，学优生描述的知识点所涉及的逻辑水平较高。例如，在描述氯气与水反应时，对其反应原理做出了解释；在描述漂白液以及漂白粉的作用与失效原理时，也对原理进行了解释。相较于学优生，中等生只在描述中对部分性质进行了解释，如在描述7、描述10中，分别对久置氯水变质的原因以及漂白粉和漂白液作用的原理进行了解释说明。而学困生的认知结构深度明显有所欠缺，其描述仍然停留在对于氯气简单化学性质的复述水平。

对学生认知结构整体结果进行分析，三名学生认知结构变量数据的平均值见表 8-4。

表 8-4　三名学生关于"氯及其化合物"的认知结构变量整体结果

认知结构变量	学优生	中等生	学困生
广度	29	13	8
丰富度	16	3	1
整合度	0.36	0.18	0.11
错误描述	0	1	2
信息检索率	0.14	0.06	0.05

从表 8-4 中可看出，学优生在认知结构的广度、丰富度、整合度和信息检索率上都优于中等生和学困生，并且在其叙述过程中没有出现错误描述。中等生在知识点的数目以及知识的整合程度上略显不足，但是出现错误描述的数目较少。而学困生所回忆的知识点数目明显低于其他两位学生，并且其中错误描述较多，说明学困生对于"氯及其化合物"部分知识的掌握水平较低，认知结构需要进一步完善和优化。

二、相关性分析

从表 8-5 中可看出，在"氯及其化合物"部分知识的认知结构中，五个认知结构变量之间，丰富度与广度显著相关($p<0.01$)；整合度与广度和丰富度也显著相关($p<0.01$)。此外，信息检索率与丰富度呈现出一定的正相关性($p<0.05$)，而错误描述与整合度呈现出一定的负相关性($p<0.05$)。这说明学生在"氯及其化合物"部分知识的认知结构中，其所包含的知识点越多，知识点之间的联系就越丰富，学生认知结构的整体性就越高，出现的错误描述也就越少。

表 8-5　学生"氯及其化合物"认知结构变量与纸笔测试成绩的相关性分析结果($N=30$)

	广度	丰富度	整合度	错误描述	信息检索率	成绩
广度		0.926**	0.519**	−0.291	0.348	0.926**
丰富度			0.773**	−0.296	0.423*	0.895**
整合度				−0.374*	0.361	0.638**
错误描述					−0.116	−0.435*
信息检索率						0.263
成绩						

*$p<0.05$；**$p<0.01$

在此部分的纸笔测试成绩与认知结构变量的相关性分析中可看出，学生的纸笔测试成绩与认知结构变量中的广度、丰富度和整合度都显著相关($p<0.01$)，而与错误描述呈现出一定的负相关性($p<0.05$)。这说明学生对于"氯及其化合物"部分知识，知识点掌握得丰富、知识点之前的联系建立越紧密，头脑中出现的错误概念就越少，测试成绩就越高。

三、基于认知结构测量的学习困难分析

通过对学生"氯及其化合物"知识的掌握情况以及错误概念进行统计分析(表 8-6)，得到以下结论：

(1) 学生对于"氯及其化合物"知识的掌握大多处于识记水平。与"铝及其化合物"内容分析相似，对于简单知识学生所表现出的识记能力较强，但是对于强酸制弱酸、氯气与碱液反应的历程等反应原理、反应历程的知识在访谈过程中提及的人数较少，所以对于"氯及其化合物"知识学生的掌握程度也大多处于识记水平。

(2) 学生的错误概念多为对基本原理的不理解。例如，没有正确理解氯气溶于水的过程，造成部分学生未能准确和完整地叙述出氯水的成分与性质；没有正确理解次氯酸的漂白原理，造成部分学生认为氯气具有漂白性的错误概念。

表 8-6　关于"氯及其化合物"学生回忆的主要概念

类别	种类	学生回忆的主要知识	人数	百分数/%
氯气的物理性质	正确概念	黄绿色气体，密度大于空气，能溶于水	20	66.67
		液氯中只有氯气分子，而氯水是混合物	2	6.67
	迷思概念	氯气是淡黄色气体，密度大于空气，可溶于水	5	16.67
氯气的化学性质	正确概念	氯气具有较强的氧化性	13	43.33
		氯气具有毒性	14	46.67

续表

类别	种类	学生回忆的主要知识	人数	百分数/%
氯气的化学性质	正确概念	氯气可以与金属单质(Na、Fe、Cu)反应	19	63.33
		氯气可以与部分非金属单质(P、H$_2$)反应	9	30.00
		氯气可以与水发生反应生成盐酸和次氯酸	20	66.67
		氯气溶于水的过程既包括物理变化，又包括化学变化	2	6.67
		新制氯水中含有的物质：水、氯气、盐酸、次氯酸；三分子是：水分子、氯气分子、次氯酸分子；四离子是：氢离子、氯离子、次氯酸根离子、氢氧根离子	8	26.67
		新制氯水成分未说全	12	40.00
		新制氯水具有酸性、漂白性和氧化性	6	20.00
		新制氯水性质未说全	10	33.33
		久置氯水的成分是：稀盐酸	19	63.33
		久置氯水只有酸性，且酸性变强	7	23.33
		氯水久置变质的原因是次氯酸发生分解	8	26.67
		氯气可以与碱液发生反应	19	63.33
		氯气与碱液发生反应的原理是氯气先和水发生反应生成盐酸和次氯酸，盐酸和次氯酸再和碱液反应生成相应的盐和水	6	20.00
	迷思概念	氯气溶于水是化学变化	4	13.33
		新制氯水中含有水分子、氯气分子、盐酸分子、次氯酸分子	4	13.33
氯气的制备方法	正确概念	氯气制取：用浓盐酸与二氧化锰或高锰酸钾制备	10	33.33
		制取氯气过程中需要先用饱和食盐水除去氯化氢气体，再用浓硫酸进行干燥	3	10.00
		用氢氧化钠溶液进行尾气吸收	3	10.00
	迷思概念	可利用稀盐酸与二氧化锰制备氯气	6	20.00
		可利用氢氧化钠吸收制取过程中产生的氯化氢杂质气体	2	6.67
次氯酸的化学性质	正确概念	次氯酸具有氧化性	7	23.33
		次氯酸具有漂白性	19	63.33
		次氯酸具有弱酸性	8	26.67
		次氯酸见光易分解，生成盐酸和氧气	11	36.67
	迷思概念	次氯酸分解，生成盐酸和水	5	16.67
		氯气具有漂白性	6	20.00

类别	种类	学生回忆的主要知识	人数	百分数/%
次氯酸的实际应用	正确概念	次氯酸可以漂白有色物质,如指示剂等	17	56.67
		次氯酸可以用于消毒与杀菌	10	33.33
	迷思概念	次氯酸可以使酸碱指示剂褪色,但是加热后颜色又恢复	3	10.00
次氯酸盐的制备方法	正确概念	次氯酸钠是漂白液的有效成分,漂白液的制备方式是将氯气通入氢氧化钠溶液中	16	53.33
		次氯酸钙是漂白粉的有效成分,漂白粉的制备方式是将氯气通入石灰乳(氢氧化钙)中	15	50.00
	迷思概念	漂白液就是次氯酸钠,漂白粉就是次氯酸钙	8	26.67
次氯酸盐的实际应用	正确概念	漂白粉和漂白液作用方式是与空气中的二氧化碳和水反应,生成次氯酸进行漂白	15	50.00
		漂白粉和漂白液作用原理是强酸制取弱酸	4	13.33
		增强漂白效果可以适当加入盐酸或乙酸	1	3.33
		漂白粉与漂白液变质与失效的原理也是与空气中的二氧化碳和水蒸气作用	9	30.00

四、教学策略

(一) 研究结论

(1) 高中元素及其化合物知识的教与学存在一定误区。在高中学生元素及其化合物知识学习现状调查中发现,高中元素及其化合物知识的教与学都存在一定的误区。绝大多数学生认为元素及其化合物知识内容零散、庞杂,缺乏内在规律,且缺乏对于元素及其化合物知识的学习兴趣;在学习方法上,多数学生采取机械记忆或做练习题的方法进行学习,且不善于结合实验现象进行相关知识的学习;在课堂效率方面,学生课堂效率较低,需要课下花费大量时间进行复习。而在教学方面,多数教师忽略了实验在教学中的重要作用,并且在实验教学中不注重对学生思维的引导;其次,部分教师本末倒置,忽略新授课的教学,而将教学重点放置在习题课的教学中。

(2) 不同层次学生的认知结构存在显著的差异。从流程图(可视化图形)以及认知结构变量(定量)两个角度对学生在"元素及其化合物"知识领域的认知结构进行分析后发现,不同层次学生的认知结构存在较为显著的差异。其主要的差异体现在认知结构的广度与深度、层次性以及整体性三个方面。数据表明,学习成绩较好的学生认知结构的整体性、层次性、深度和广度,以及认知结构变量中的广度、丰富度、整合度以及信息检索率这四个变量都比学习成绩较差的学生好。

(3) 学生的纸笔测试成绩与认知结构变量之间的相关性。从学生认知结构变量与纸笔测试成绩的相关性分析研究的数据中看出，学生的纸笔测试成绩与其在该领域认知结构的广度、丰富度、整合度分别呈显著正相关，与其错误描述呈显著负相关。

(4) 学生对于元素及其化合物知识的掌握存在不足与困难。基于流程图法对访谈内容进行分析，得出学生在学习元素及其化合物知识时主要存在的问题有：①多数学生对于知识的掌握处于识记水平，未能从原理上真正理解知识的内涵，而只是通过机械记忆的方式记住了最终的结果；②学生的错误概念多为不同知识之间的相互混淆，原因在于学生未能建立起知识之间的相互联系以及在不同知识之间产生了负迁移；③由于教学中相应实验环节的缺失以及学生没有养成结合实验进行学习的意识，造成实验在学生的学习过程中并未体现出应有的作用。

(二) 教学策略

(1) 教师应引导学生运用相关理论将复杂知识系统化、结构化。数据显示，大多数学生认为元素及其化合物知识琐碎、庞杂且无规可循，因此在学习时常采用罗列知识点的方式进行机械记忆，造成学习效率低下、错误概念频出、学习兴趣缺乏等问题。为了避免这些问题的出现，教师在教学过程中应引导学生运用氧化还原反应、物质分类、离子反应等相关化学理论来指导其进行元素及其化合物知识的学习，使学生能够从多个理论角度建立联系点，将看似零散、孤立的元素化合物知识变为相互联系的有机整体，从而形成一个系统化、结构化的知识网络结构。

(2) 教师在教学过程中应注重知识形成的过程性。从研究结论中可看出，学生对于元素及其化合物知识的学习大多停留在对于知识点的识记水平，而对于知识的产生过程并不清楚。因此，教师在教学过程中应尽量向学生展示知识的形成过程，让学生能够从本质上理解知识的内涵，而不是被动、机械地记忆最终结果。例如，在氯气与碱液反应这一知识中，教师可先以氯气与氢氧化钠反应为例，引导学生从氯气先与水反应生成盐酸和次氯酸，盐酸和次氯酸再分别与氢氧化钠溶液反应生成氯化钠、次氯酸钠和水这两个反应历程去体会氯气与碱液的反应实质，进而推导氯气与其他碱液发生反应的过程与产物，而不是记录和背诵氯气与不同碱溶液发生反应的化学方程式。

(3) 教师应引导学生使用高水平的信息处理策略。从分析结论中可看出，学习成绩较高的学生更加倾向于使用比较和对比以及解释等较高水平的信息处理策略，并且善于运用高水平信息处理策略的学生，其认知结构在广度、丰富度以及整合度上都较为丰富和完善。因此，教师在教学过程中可以引导学生运用比较和对比以及解释等较高水平的信息处理策略来组织相应的知识，从而提高其认知结构的广度、深度、层次性以及整体性。

(4) 重视实验教学的重要作用，引导学生有意识地观察。从学生对于元素及其化合物知识学习现状的调查中可看出，实验在学生心中占据着不可替代的作用。因此，教师在进行教学时应重视实验的重要作用。值得注意的是，多数学生并不善于结合实验现象或实验结论学习元素及其化合物的相关知识。因此，教师在进行实验演示时，应有意识地引导学生观察实验现象，分析实验结论，并将实验现象、实验结论与所学的理论知识进行联系与融合，从而让学生在获得深刻印象的基础上，更加感性地体会到化学知识在化学实验中的具体体现。

第九章　有机化学的认知结构与学习困难分析

　　有机化学是研究有机化合物的组成、结构、性质、制备和用途的学科，是化学中极重要的一个分支。认识有机化合物以及有机化学最基本的概念，是学习有机化学的基础。有机物虽然种类繁多、结构复杂，但任何有机物分子都含有碳原子，要使学生真正了解有机物的性质、化学反应及分子结构的特征，必须从分析碳原子的结构和它的特殊成键能力入手。碳原子之间与其他原子之间主要通过共用电子对形成共价键，以共价键相结合是有机化合物最基本的、共同的特征，也是有机物种类繁多、数量庞大的根本原因。此外，元素位置、物质结构和性质之间的相互关系在有机化学中得到更充分的理解和应用。

　　通过有机化学的学习，学生可了解关于研究有机物的一般方法、有机物中基本的官能团类别、官能团的结构与性质、有机反应类型、有机反应试剂条件、有机物之间的转化关系、同分异构的判断和书写、检验官能团的方法、合成有机物的一般方法、有机合成在工业生产中的作用、常见有机物的用途等；基本达到微观、定量、动态、化学用语的认识深度；面对陌生的有机物能够提取其中的认识对象官能团，能根据官能团的结构以及官能团之间的相互影响，分析其性质以及可以发生的反应类型，需要的反应试剂、条件、产物，此外还应知道检验这个官能团的方法、试剂、实验现象，能用化学用语描述其变化；在给出信息的前提下，能利用原料合成所需有机物。综上所述，有机化学基础模块的学习，可丰富学生的认识角度，促进认识方式类型的转换，提升对有机物性质的认识能力，形成研究有机物稳定的认识思路，从而促进学生的认识发展。

　　但有机化学学科本身的特点，使学生对有机物的认知具有零散性、杂乱性，不能建构出完整的知识体系，且学生的有机化学基础相当薄弱，常受定势思维影响，将无机化学学习方法迁移到有机化学学习过程中，导致迷思概念逐渐增多，自信心大幅减退。同时，学生对有机化学知识的学习存在体系不完善、认知不清晰的问题，没有形成知识网络，不能同化新知识。这些问题追本溯源是因为学生的化学认知结构不合理，因此需要了解学生在该模块的认知结构，从而更好地展开教学。

　　本章主要选取了乙烯、卤代烃、苯酚、乙醇、醛和乙酸六个主题，用流程图法测查学生的认知结构。通过流程图法对学生进行深度访谈，再对访谈结构进行内容分析及数据处理，有助于教师了解学生对已学知识的掌握情况和理解程度。基于对学生认知结构中出现的错误概念分析，有助于教师明确学生在主题知识学习过程中的迷思概念。将认知结构变量、信息处理策略与纸笔测试成绩进行相关性分析，教师可以科学合理地分析学生的学习困难，有助于实现深层次教学反思，从而更加有针对性地改进教学。

第一节　乙　　烯

　　采用流程图法对新疆维吾尔自治区昌吉回族自治州第二中学高二年级13班中的30名学

生进行访谈(高二 13 班共 60 名学生)。按照模拟考试(该单元月考)时化学单科成绩排名在本班前 10 名、中间 10 名、后 10 名的学生(依次界定为学优生、中等生、学困生)形成三组研究对象。

一、认知结构流程图

(一) 不同层次学生认知结构流程图

通过转录文本绘制 30 名学生的认知结构流程图。由于篇幅有限，只选择列出了学优生、中等生、学困生各一名学生代表的认知结构流程图，见图 9-1~图 9-3。

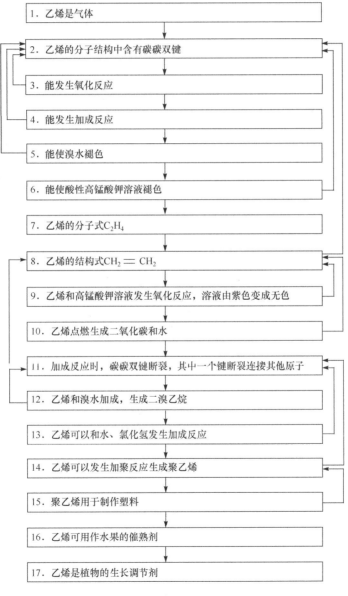

总时间：171s

图 9-1　学优生的"乙烯"认知结构流程图

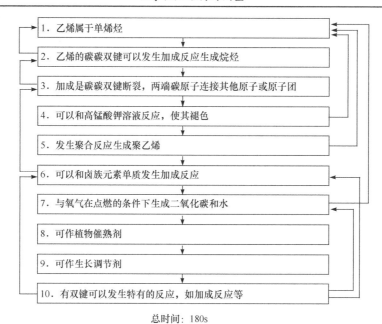

总时间：180s

图9-2 中等生的"乙烯"认知结构流程图

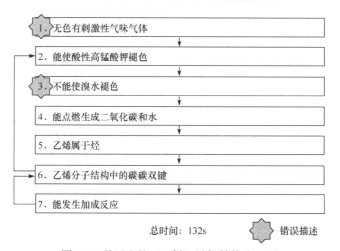

总时间：132s ⬡ 错误描述

图9-3 学困生的"乙烯"认知结构流程图

　　认知结构的整体性：学优生和中等生有关"乙烯"回忆的知识点数目较多，知识点之间的网络联系也比较多，认知结构的整体性较好；相比较而言，尤其是学困生回忆的知识点数目少，知识之间的联系也不多，认知结构的整体性较差。

　　认知结构的层次性：学优生的认知结构中，描述1涉及乙烯的组成，描述2涉及乙烯的结构，描述3～描述6涉及乙烯的化学性质，描述7～描述8涉及乙烯结构，描述9～描述15又回归到化学性质，描述17～描述18涉及乙烯的用途。总体而言，思路清晰，层次性好。中等生回忆顺序为乙烯的官能团、乙烯的化学性质、乙烯的用途，层次性较好。学困生则能回忆出乙烯的物理性质、乙烯的化学性质、组成、官能团、化学性质，化学性质层次不清晰，认知面比较狭窄，认知结构明显需要进一步完善和优化。

　　认知结构的广度和深度：学优生对乙烯的知识描述较全面，从描述2～描述6、描述7～描述15明显可以看出，描述大体遵循物质结构到性质再到用途的思路，说明学优生头脑中有结构决定性质的有机物学习的基本思维模式，具有一定的深度和广度。中等生的描述只有结构、化学性质和用途三部分，其中描述 1～描述 3、描述 10 可以看出中等生有官能团的化学概念，且描述 4～描述 7 描述乙烯的化学性质，描述 8、描述 9 描述用途，深度可见一斑，但对乙烯的物理性质和结构没有描述，认知结构广度欠缺。学困生只能回忆出乙烯的物理性质、化学性质、组成元素、官能团，且描述中错误较多，广度和深度都非常欠缺。

从可视化图形定性分析学生认知结构的角度来看，学优生认知结构的深度和广度都比较好，认知结构相对比较完善；中等生认知结构深度较好，认知结构层次性良好；学困生的认知结构知识面狭窄，条理性差，认知结构存在缺陷，需要进一步提高和完善。

(二) 描述统计

对学生认知结构整体结果进行分析，三名学生认知结构变量数据的平均值见表 9-1。

表 9-1　三名学生关于"乙烯"的认知结构变量整体结果

认知结构变量	学优生	中等生	学困生
广度	17	10	7
丰富度	12	9	2
整合度	0.41	0.47	0.33
错误描述	0	0	2
信息检索率	0.10	0.06	0.53

由表 9-1 可以看出，有关"乙烯"的认知结构变量，学优生和中等生明显优于学困生。学优生的知识点广度、丰富度、信息检索率较大，并且没有出现错误描述；中等生整合度较大，其他认知结构变量次之，没有错误描述；相比之下，学困生的认知结构无论是广度、丰富度、整合度还是信息检索率都比较低，并且错误描述较多，学困生对于乙烯的认知水平较低，在一定的环境刺激下，不能有效地回忆和组织知识，所以认知结构各变量得分都比较低，需要进一步完善和构建。

二、相关性分析

(一) 认知结构变量与成绩的相关性分析

对学生认知结构变量与纸笔测试成绩进行相关性分析，结果见表 9-2。

表 9-2　学生"乙烯"认知结构变量与纸笔测试成绩的相关性分析结果(N=30)

	广度	丰富度	整合度	错误描述	信息检索率	成绩
广度		0.778^{**}	0.765^{**}	-0.088	0.588^{**}	0.421^{**}
丰富度			0.825^{**}	-0.331^{*}	0.404^{*}	0.380^{*}
整合度				-0.370^{*}	0.317^{*}	0.515^{**}
错误描述					0.289	-0.226
信息检索率						0.209
成绩						

$^{*}p<0.05$；$^{**}p<0.01$

　　从表 9-2 中可以看出，关于"乙烯"知识内容，学生的纸笔测试成绩与认知结构的广度、丰富度、整合度密切相关；学生认识结构的广度与丰富度、整合度、信息检索率显著相关($p<0.01$)；认识结构的丰富度与整合度、信息检索率也密切相关；整合度与信息检索率显著相关($p<0.01$，$p<0.05$)。这表明学生认知结构中，乙烯分子结构中含有碳碳双键；能发生氧化反应(使酸性高锰酸钾溶液褪色)；能够发生加成反应；发生加成反应时，碳碳双键断裂，两端碳原子连接其他原子或原子团；能够发生加聚反应等知识点越多，学生将这些知识建立的联系越多，知识的整合性越强，学生解决问题的能力越强，在纸笔测试成绩得分越高(将纸笔测试中的解题过程看作问题解决的过程)。

(二) 信息处理策略与成绩的相关性分析

　　对学生信息处理策略与纸笔测试成绩进行相关性分析，结果见表 9-3。

表 9-3　学生"乙烯"信息处理策略与纸笔测试成绩的相关性分析结果($N=30$)

	定义	描述	比较和对比	情景推理	解释	成绩
定义	0.006	0.212	0.320*	0.237	0.385*
描述		0.004	0.080	0.387*	0.109
比较和对比			0.056	0.273	−0.007
情景推理				0.544**	0.496**
解释					0.506**

*$p<0.05$；**$p<0.01$

　　从表 9-3 中可以看出，关于"乙烯"知识内容，学生的纸笔测试成绩与定义、情景推理、解释等信息处理策略密切相关；解释与描述、情景推理密切相关；情景推理与定义显著相关($p<0.01$，$p<0.05$)。这表明纸笔测试成绩越高的学生，关于乙烯的认知结构中，如加成反应是碳碳双键断裂，两端碳原子连接其他原子或原子团，除了乙烯，含有碳碳双键的有机物也有类似乙烯的化学性质，乙烯能使酸性高锰酸钾溶液褪色的原因是乙烯分子结构中的碳碳双键等定义、情境推理、解释这样的信息处理策略。

(三) 信息处理策略与认知结构变量的相关性分析

　　对学生信息处理策略与认知结构变量进行相关性分析，结果见表 9-4。

表 9-4　学生"乙烯"信息处理策略与认知结构变量的相关性分析结果($N=30$)

	定义	描述	比较和对比	情景推理	解释
广度	0.313	0.783**	0.272	0.469**	0.773**
丰富度	0.245	0.469**	0.236	0.669**	0.610**
整合度	0.268	0.444**	0.265	0.520**	0.620**
错误描述	−0.004	0.077	−0.207	−0.263	−0.120
信息检索率	0.147	0.635**	−0.050	0.186	0.290

**$p<0.01$

　　从表 9-4 中可以看出，学生的信息处理策略与认知结构变量有密切的关系。关于"乙烯"

知识内容，学生认知结构的广度、丰富度、整合度分别都与描述、情景推理、解释显著相关($p<0.01$)；信息检索率与描述显著相关($p<0.01$)。这表明学生认知结构中采用"乙烯能使溴的四氯化碳溶液褪色"，"含有碳碳双键的有机物也能使溴的四氯化碳溶液褪色，原因是碳碳双键和溴发生了加成反应"等描述、情景推理、解释信息处理策略，学生的认知结构将越丰富，知识点之间联系越紧密，知识的整合性越强。

三、基于认知结构测量的学习困难分析

乙烯是高中有机化学中非常重要的一个概念，《普通高中化学课程标准(实验)》规定：了解乙烯的性质，认识乙烯在化工生产中的重要作用。乙烯的学习内容包括：乙烯的结构和乙烯的性质(氧化反应、加成反应)两部分、乙烯的用途(植物生长调节剂、水果催熟剂)。通过对学生访谈内容统计分析、归纳分类，可以看出学生对具体知识点的掌握情况，从而为教师教学提供有效的依据和建议，统计结果见表9-5。

表 9-5　关于"乙烯"学生回忆的主要概念

类别	种类	学生回忆的主要知识	人数	百分数/%
结构特点	正确概念	乙烯结构含有碳碳双键	22	73.33
		乙烯分子结构是平面结构	4	13.33
		乙烯的分子式 C_2H_4	16	53.33
	迷思概念	分子式为 C_6H_6 或 CH_3CH_2、C_6H	3	10.00
物理性质	正确概念	无色稍有气味，密度比空气小，难溶于水的气体	9	30.00
	迷思概念	液体	4	13.33
		密度比水大	1	3.33
		刺激性气味	5	16.67
氧化反应	正确概念	乙烯使酸性高锰酸钾溶液褪色	21	70.00
		乙烯发生燃烧反应，生成二氧化碳和水	11	36.67
加成反应	正确概念	乙烯能发生加成反应：和水、卤族单质、氢气发生加成反应	14	46.67
		加成是碳碳双键断裂，两端碳原子连接其他原子或原子团	12	40.00
		因为含有碳碳双键，可以发生加成反应	9	30.00
		使卤素单质的四氯化碳溶液(或溴水)褪色	8	26.67
加聚反应	正确概念	加聚反应生成聚乙烯	8	26.67
用途	正确概念	乙烯可作催熟剂	10	33.33
		植物生长的调节剂	11	36.67
		乙烯的产量可以用来衡量一个国家石油化工发展水平	2	6.67
		重要的化工原料	5	16.67

(1) 结构特点：53.33%的学生能正确说出乙烯的分子式，73.33%的学生能说出乙烯分子结构中含有碳碳双键，只有 13.33%的学生说出乙烯是平面分子。这说明学生能从分子式、官能团、空间结构角度描述乙烯的结构特点，但是只有少数(13.33%)学生形成乙烯科学的空间结构。

(2) 物理性质：30.00%的学生能从颜色、气味、密度、溶解性、状态准确描述乙烯，16.67%

的学生对乙烯的气味描述错误，3.33%的学生对乙烯的密度有错误描述，13.33%的学生对乙烯的状态有错误描述。这说明学生对乙烯的物理性质总体掌握情况不佳。

(3) 氧化反应：70.00%的学生说出乙烯使酸性高锰酸钾溶液褪色，36.67%的学生说到燃烧反应，说明学生对乙烯使酸性高锰酸钾溶液褪色掌握相对较好，而对燃烧反应掌握相对较弱。

(4) 加成反应：46.67%的学生说到乙烯能和水、卤族单质、氢气发生加成反应，40.00%的学生能口头描述加成反应机理，30.00%的学生说出乙烯发生加成反应是含有碳碳双键的原因，26.67%的学生提到乙烯能使卤素单质的四氯化碳溶液褪色。这说明只有少部分(30.00%～40.00%)学生能从分子结构(官能团)角度解释相关反应的现象，这部分学生形成了结构决定性质、性质反映结构的思维方式。

(5) 用途：33.33%的学生说出乙烯可作催熟剂，36.67%的学生说出植物生长的调节剂，16.67%的学生说出乙烯是重要的化工原料，6.67%的学生说出乙烯的产量可以用来衡量一个国家石油化工发展水平。这说明在乙烯的用途方面，学生对与自己生活贴近的知识点掌握相对较好。

四、教学策略

通过对学生乙烯的认知结构进行分析，可得出如下结论，并依据所得结果提出以下建议。

(1) 学生认知结构在定量和定性方面存在差异性。成绩高的学生的认知结构在整体性、层次性和深度、广度都较其他学生完善，在认知结构的广度、丰富度、整合度、信息检索率方面都较高，错误描述少。所以，流程图法不仅能为教育工作者提供多样化的标准进行学生评价，还能用这些信息评估学生认知结构的整体性、丰富性和正确性。

(2) 相关性分析表明，学生的纸笔测试成绩与认知结构的广度、丰富度、整合度显著相关($p<0.01$，$p<0.05$)，与错误描述和信息检索率无相关性；学生的纸笔测试成绩与定义、情景推理、解释等信息处理策略显著相关($p<0.01$)，与描述、比较和对比无相关性。在主题"乙烯"的学习中，学生认知结构的广度与描述、情景推理、解释显著相关($p<0.01$)，丰富度与描述、情景推理、解释显著相关($p<0.01$)，整合度与描述、情景推理、解释显著相关($p<0.01$)，信息检索率与描述显著相关($p<0.01$)，错误描述与5种认知结构变量无相关性。这说明在学习乙烯的内容时，学优生认知结构的完善是建立在知识广度和丰富度大、整合度强的基础之上，在构建和组织乙烯的知识时善于运用定义、情景推理、解释三种信息处理策略。因此，学生在学习有机物乙烯时，尽量用定义、情景推理、解释来组织知识，教师进行教学时可以通过对学生知识广度和知识网络的充分开发，建立完善的知识结构网络。

(3) 学生的学习困难点在于乙烯的物理性质和空间结构。乙烯知识的重点在于分析碳碳双键的结构特点得出其主要的化学性质。让学生分析乙烯的官能团结构特点，讨论在发生化学反应时碳碳双键如何断键，并预测乙烯能发生的化学反应。通过分析乙烯与酸性高锰酸钾发生氧化反应的原因，掌握氧化反应的本质，碳碳双键其中一个键具有还原性，易与强氧化剂发生氧化反应。乙烯与溴水加成反应实验，学生很容易想到并分析出碳碳双键中的一个C—C键容易断裂，双键断裂两端的碳原子分别加上两个溴原子，生成碳碳单键，掌握发生加成反应的原因，掌握乙烯加成反应的本质。介绍与其他物质的加成反应，并让学生通过探究实验观察实验现象，明确实验验证法的同时，模仿断键机理，推测书写乙烯与H_2反应的化学方程式。书写过程中学生遇到不小的困难，稍加点拨引导学生分析出实验成功的关键为碳碳双键断裂其中一个键，双键断裂两端的碳原子分别加上两个原子或原子团，绝大部分学生已能顺利完成化学方程式的书写，突破难点。

第二节　卤　代　烃

采用流程图法对新疆维吾尔自治区昌吉回族自治州第二中学高二年级 11 班中的 30 名学生进行访谈(高二 11 班共 58 名学生)。按照模拟考试(该单元月考)时化学单科成绩排名在本班前 10 名、中间 10 名、后 10 名的学生(依次界定为学优生、中等生、学困生)形成三组研究对象。

一、认知结构流程图

(一) 不同层次学生认知结构流程图

通过转录文本绘制 30 名学生的认知结构流程图。由于篇幅有限，只选择列出了学优生、中等生、学困生各一名学生代表的认知结构流程图，见图 9-4～图 9-6。

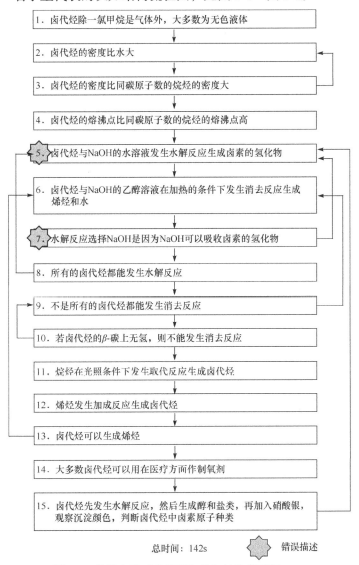

图 9-4　学优生的"卤代烃"认知结构流程图

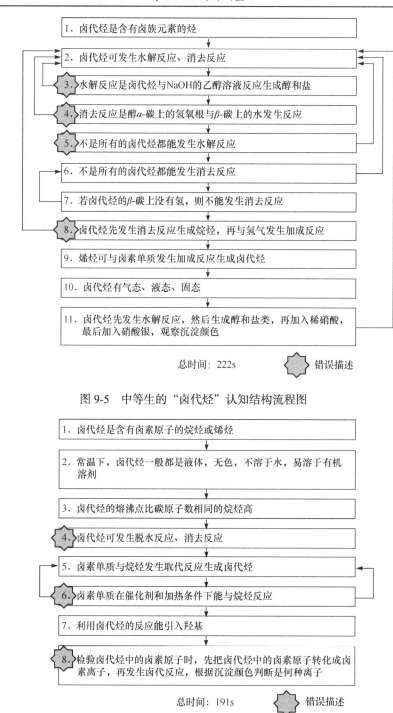

图 9-5　中等生的"卤代烃"认知结构流程图

图 9-6　学困生的"卤代烃"认知结构流程图

(二) 描述统计

对学生认知结构整体结果进行分析，三组学生认知结构变量和信息处理策略数据的平均值见表 9-6。

表 9-6　三组学生关于"卤代烃"的认知结构变量和信息处理策略整体结果

量化维度	类型	学优生	中等生	学困生
认知结构变量	广度	18.40	12.73	8.24
	丰富度	14.37	8.22	5.78
	整合度	0.41	0.25	0.26
	错误描述	0.52	1.93	2.19
	信息检索率	0.17	0.14	0.06
信息处理策略	定义	0.91	0.85	0.53
	描述	12.31	9.70	4.89
	比较和对比	1.67	0.55	0.24
	情景推理	0.62	0.40	0.09
	解释	1.44	0.83	0.41

由表 9-6 可以看出,有关"卤代烃"的认知结构变量和信息处理策略,学优生明显优于中等生和学困生,学优生讲到的知识点多,知识点之间的联系也比较丰富,认知结构的整合度和信息检索率都比较高,错误描述最少,各层级信息处理策略均较高;虽然中等生的各认知结构变量成绩(除错误描述外)及各层级信息处理策略成绩均低于学优生,但数值之间相差不大;相比之下,学困生的各认知结构变量成绩(除错误描述外)及各层级信息处理策略成绩最低,并且在对知识的描述中有很多错误概念。在访谈过程中就发现,学困生普遍存在的现象是在每个知识点的描述之间都要停留很长时间,导致在很长时间内只能描述很少的知识点,知识结构比较混乱,在一定的环境刺激下,不能有效地回忆和组织知识,所以得分都比较低,亟须进一步完善和构建认知结构。

二、相关性分析

(一) 认知结构变量与成绩的相关性分析

从表 9-7 可以看出,学生的纸笔测试成绩与认知结构变量无相关性,可能是因为这次模拟考试的试题涉及"卤代烃"的内容较少。学生认知结构的广度与丰富度、错误描述、信息检索率显著相关($p < 0.01$,$p < 0.05$),表明学生头脑中知识点越多,知识之间联系就越多,认知结构的整体性就越强,在一定环境刺激下,学生越容易回忆起更多的知识。认知结构的丰富度与整合度、信息检索率也显著相关($p < 0.01$),表明学生若能将头脑中的知识进行有效地联系,在一定刺激下,学生便能有效地提取有用的信息用于解决问题。

表 9-7　学生"卤代烃"认知结构变量与纸笔测试成绩的相关性分析结果(N=30)

	广度	丰富度	整合度	错误描述	信息检索率	成绩
广度		0.707**	0.060	0.459*	0.790**	−0.100
丰富度			0.707**	0.269	0.505**	0.073
整合度				−0.107	−0.017	0.274
错误描述					0.311	0.078
信息检索率						−0.183

*$p < 0.05$;**$p < 0.01$

(二) 信息处理策略与成绩的相关性分析

从表 9-8 可以看出,学生的纸笔测试成绩与描述、情景推理等信息处理策略显著相关($p<$ 0.01,$p<0.05$),表明学习成绩好的学生善于使用描述和情景推理等逻辑水平较高的信息处理策略。此外,由表 9-8 还可以看出,这些信息处理策略之间没有明显的相关性,正是这些看起来没有相互关系的信息处理策略代表了学生知识结构中的认知水平。

表 9-8　学生"卤代烃"信息处理策略与纸笔测试成绩的相关性分析结果($N=30$)

	定义	描述	比较和对比	情景推理	解释	成绩
定义	0.249	−0.019	0.29	0.092	−0.182	
描述		0.132	0.161	0.017	0.380*	
比较和对比			0.28	0.31	−0.201	
情景推理				−0.038	0.505**	
解释					0.025	
成绩						

*$p<0.05$; **$p<0.01$

(三) 信息处理策略与认知结构变量的相关性分析

从表 9-9 可以看出,学生的信息处理策略不仅与学生的纸笔测试成绩有关,还与学生的认知结构变量有密切的关系。关于"卤代烃"知识内容,学生认知结构的广度与定义、描述及情景推理显著相关($p<0.01$,$p<0.05$)。此外,认知结构的丰富度与定义、描述及情景推理显著相关($p<0.01$,$p<0.05$)。认知结构的错误描述与描述显著相关($p<0.01$),表明学生在讲述知识点时易出现错误,表述能力有待提高。认知结构的信息检索率也与描述、比较和对比显著相关($p<0.01$)。

表 9-9　学生"卤代烃"信息处理策略与认知结构变量的相关性分析结果($N=30$)

	定义	描述	比较和对比	情景推理	解释
广度	0.379*	0.820**	0.360	0.420*	0.158
丰富度	0.397*	0.567**	0.153	0.380*	−0.020
整合度	0.267	−0.013	−0.145	0.195	−0.105
错误描述	−0.125	0.491**	0.221	0.229	−0.128
信息检索率	0.324	0.557**	0.501**	0.202	0.246

*$p<0.05$; **$p<0.01$

三、基于认知结构测量的学习困难分析

将学生对这部分知识的掌握情况及错误概念进行归类划分,见表 9-10。

表 9-10 关于"卤代烃"学生回忆的主要概念

类别	种类	学生回忆的主要知识	人数	百分数/%
定义、结构和分类	正确概念	卤代烃是烃分子中的氢原子被卤素原子取代后生成的化合物	19	63.33
		卤代烃的官能团是卤素	17	56.67
		卤代烃分为饱和卤代烃和不饱和卤代烃	8	26.67
	迷思概念	卤代烃是烷烃、烯烃或炔烃与卤素单质发生取代反应生成	1	3.33
		卤代烃是烷烃在催化剂和加热的条件下反应生成	1	3.33
物理性质	正确概念	卤代烃大多无色,有特殊气味;常温下,卤代烃中除一氯甲烷、氯乙烷等少数为气体外,其余为固体或液体	11	36.67
		卤代烃的熔沸点比相同碳原子数的烷烃的熔沸点高	6	20.00
		卤代烃的熔沸点随着碳原子数的增加而升高	5	16.67
		卤代烃的密度比同碳原子数的烷烃的密度大	2	6.67
		液态卤代烃的密度一般比水的密度大	5	16.67
		卤代烃难溶于水,易溶于有机溶剂	8	26.67
		卤代烃有毒	2	6.67
	迷思概念	一氯甲烷、二氯甲烷在常温下呈固态或液态	1	3.33
		因为卤代烃含有氢键,所以卤代烃的沸点比同碳原子数的烷烃的沸点高	1	3.33
可发生的反应类型	正确概念	卤代烃可发生取代反应(水解反应)、消去反应	21	70.00
	迷思概念	卤代烃可发生脱水反应、消去反应	2	6.67
		卤代烃可发生分子间和分子内脱水	2	6.67
取代反应	正确概念	卤代烃与 NaOH 的水溶液在加热的条件下反应生成醇和盐	18	60.00
		取代时选择 NaOH 是为了中和卤代烃水解生成的卤化氢,使平衡向右移动,增加生成物的量	5	16.67
		取代反应的条件是 NaOH 存在的条件下并且加热	5	16.67
		所有的卤代烃都能发生水解反应	6	20.00
		水解反应的产物为醇和盐	6	20.00

续表

类别	种类	学生回忆的主要知识	人数	百分数/%
取代反应	迷思概念	取代反应能引入碳碳双键	1	3.33
		卤代烃与 NaOH 的水溶液发生水解反应生成卤素的氢化物	1	3.33
		取代反应是卤代烃与 NaOH 的水溶液反应生成烷烃和钠	1	3.33
		取代时选择 NaOH 是因为卤代烃与 NaOH 的氢氧根反应可生成醇	1	3.33
		不是所有的卤代烃都能发生水解反应	2	6.67
		若卤代烃的 β-碳上无氢原子，则不能发生水解反应	1	3.33
消去反应	正确概念	卤代烃与强碱(如 NaOH、KOH)的乙醇溶液在加热的条件下，脱去一个或几个小分子(如 HBr、H_2O 等)，而生成含不饱和化合物的反应	17	56.67
		强碱(NaOH 或 KOH)的乙醇溶液存在的条件下并且加热	1	3.33
		消去反应的断键部位是消去卤代烃 β-碳上的氢原子和卤素原子	2	6.67
		不是所有的卤代烃都能发生消去反应	6	20.00
		卤代烃有邻位碳原子，且邻位碳原子上有氢原子才能发生消去反应	14	46.67
		消去反应的产物是烯烃、盐和水	18	60.00
	迷思概念	卤代烃发生消去反应之后不能引入新的官能团	1	3.33
		卤代烃不能发生反应生成烯烃	1	3.33
		消去反应是卤代烃与 NaOH 的醇溶液在加热条件下生成烯烃或炔烃	1	3.33
		卤代烃在加热的条件下与 NaOH 的乙醇溶液反应生成乙醇	1	3.33
		消去反应是卤代烃与 NaOH 的乙醇溶液在加热条件下反应生成溴化氢和烯烃	1	3.33
		烷烃发生消去反应生成烯烃	1	3.33
		卤代烃与溴化氢在催化剂和加热条件下反应生成烯烃	1	3.33
		消去反应的条件是浓硫酸加热170℃，生成烯烃	1	3.33
		浓硫酸存在的条件下才能发生消去反应	1	3.33

类别	种类	学生回忆的主要知识	人数	百分数/%
其他	正确概念	烯烃与卤化氢发生加成反应生成卤代烃	12	40.00
		卤代烃先发生消去反应生成烯烃，烯烃再与氢气发生加成反应生成烷烃	2	6.67
		检验卤代烃中卤素时，往少量卤代烃中加入 NaOH 溶液，加热煮沸，再加入过量稀硝酸酸化，最后加入 AgNO₃，根据生成沉淀的颜色判断卤代烃中卤素的种类	15	50.00
		检验卤素时加入稀硝酸是为了中和过量的 NaOH，防止 NaOH 与 AgNO₃ 反应，干扰实验现象，同时也是为了检验生成的沉淀是否溶于稀硝酸	1	3.33
		饱和卤代烃不能使高锰酸钾溶液褪色，也不能与溴水发生加成反应	2	6.67
	迷思概念	烯烃与卤素单质发生取代反应生成卤代烃	1	3.33
		卤代烃先发生消去反应生成烷烃，再与氢气发生加成反应	1	3.33
应用	正确概念	大多数卤代烃可以用在医疗方面	1	3.33
		学习卤代烃，可以知道很多有机物的制取方法	1	3.33
		卤代烃可制作橡胶和塑料	1	3.33

（1）定义、结构和分类：学生提到"卤代烃是烃分子中的氢原子被卤素原子取代后生成的化合物"、"卤代烃的官能团是卤素"、"卤代烃分为饱和卤代烃和不饱和卤代烃"，所占比例分别为 63.33%、56.67%、26.67%。存在的迷思概念分别是"卤代烃是烷烃、烯烃或炔烃与卤素单质发生取代反应生成"、"卤代烃是烷烃在催化剂和加热的条件下反应生成"，但人数很少，所占比例均为 3.33%。这表明学生对这一部分知识掌握较好，有可能是因为难度较低。

（2）物理性质：学生的正确表述有"卤代烃大多无色，有特殊气味；常温下，卤代烃中除一氯甲烷和氯乙烷等少数为气体外，其余为固体或液体"、"卤代烃的熔沸点比相同碳原子数的烷烃的熔沸点高"、"卤代烃的熔沸点随着碳原子数的增加而升高"、"卤代烃的密度比同碳原子数的烷烃的密度大"、"液态卤代烃的密度一般比水的密度大"、"卤代烃难溶于水，易溶于有机溶剂"、"卤代烃有毒"，所占比例分别为 36.67%、20.00%、16.67%、6.67%、16.67%、26.67%、6.67%。存在的迷思概念分别是"一氯甲烷、二氯甲烷在常温下呈固态或液态"、"因为卤代烃含有氢键，所以卤代烃的沸点比同碳原子数的烷烃的沸点高"，但人数很少，所占比例均为 3.33%。总体来说，学生对卤代烃的物理性质掌握得不是很牢固，可能是知识点比较琐碎。

(3) 可发生的反应类型：学生提到"卤代烃可发生取代反应(水解反应)、消去反应"(70.00%)。存在的迷思概念分别是"卤代烃可发生脱水反应、消去反应"、"卤代烃可发生分子间和分子内脱水"，所占比例均为6.67%。这表明大部分学生都知道卤代烃的化学性质主要体现在可发生两种反应。

(4) 取代反应：学生的正确表述有"卤代烃与NaOH的水溶液在加热的条件下反应生成醇和盐"，"取代时选择NaOH是为了中和卤代烃水解生成的卤化氢，使平衡向右移动，增加生成物的量"、"取代反应的条件是NaOH存在的条件下并且加热"、"所有的卤代烃都能发生水解反应"、"水解反应的产物为醇和盐"，所占比例分别为60.00%、16.67%、16.67%、20.00%、20.00%。存在的迷思概念有"取代反应能引入碳碳双键"、"卤代烃与NaOH的水溶液发生水解反应生成卤素的氢化物"、"取代反应是卤代烃与NaOH的水溶液反应生成烷烃和钠"、"取代时选择NaOH是因为卤代烃与NaOH的氢氧根反应可生成醇"、"不是所有的卤代烃都能发生水解反应"、"若卤代烃的β碳上无氢原子，则不能发生水解反应"，所占比例分别为3.33%、3.33%、3.33%、3.33%、6.67%、3.33%。可以看出学生对取代反应的定义掌握得比较好，说明学生对概念的本质理解比较到位，但是对取代反应的特征、条件以及在这种条件下发生反应的原因等理解上还存在困惑点或错误概念。

(5) 消去反应：学生的正确表述有"卤代烃与强碱(如NaOH、KOH)的乙醇溶液在加热的条件下，脱去一个或几个小分子(如HBr、H_2O等)，而生成含不饱和化合物的反应"、"强碱(NaOH或KOH)的乙醇溶液存在的条件下并且加热"、"消去反应的断键部位是消去卤代烃β碳上的氢原子和卤素原子"、"不是所有的卤代烃都能发生消去反应"、"卤代烃有邻位碳原子，且邻位碳原子上有氢原子才能发生消去反应"、"消去反应的产物是烯烃、盐和水"，所占比例分别为56.67%、3.33%、6.67%、20.00%、46.67%、60.00%。存在的迷思概念有"卤代烃发生消去反应之后不能引入新的官能团"、"卤代烃不能发生反应生成烯烃"、"消去反应是卤代烃与NaOH的醇溶液在加热条件下生成烯烃或炔烃"、"卤代烃在加热的条件下与NaOH的乙醇溶液反应生成乙醇"、"消去反应是卤代烃与NaOH的乙醇溶液在加热条件下反应生成溴化氢和烯烃"、"烷烃发生消去反应生成烯烃"、"卤代烃与溴化氢在催化剂和加热条件下反应生成烯烃"、"消去反应的条件是浓硫酸加热170℃，生成烯烃"、"浓硫酸存在的条件下才能发生消去反应"，所占比例均为3.33%。可以看出，学生对消去反应的定义掌握得比较牢固，很清楚消去反应的产物，并且能清晰表述消去反应的特征，说明学生对基础知识、基本概念的理解还是比较到位的。但是，部分学生对消去反应的条件仍存在困惑。

(6) 其他：学生的正确表述有"烯烃与卤化氢发生加成反应生成卤代烃"、"卤代烃先发生消去反应生成烯烃，烯烃再与氢气发生加成反应生成烷烃"、"检验卤代烃中卤素时，往少量卤代烃中加入NaOH溶液，加热煮沸，再加入过量稀硝酸酸化，最后加入$AgNO_3$，根据生成沉淀的颜色判断卤代烃中卤素的种类"、"检验卤素时加入稀硝酸是为了中和过量的NaOH，防止NaOH与$AgNO_3$反应，干扰实验现象，同时也是为了检验生成的沉淀是否溶于稀硝酸"、"饱和卤代烃不能使高锰酸钾溶液褪色，也不能与溴水发生加成反应"，所占比例分别为40.00%、6.67%、50.00%、3.33%、6.67%。存在的迷思概念有"烯烃与卤素单质发生取代反应生成卤代烃"、"卤代烃先发生消去反应生成烷烃，再与氢气发生加成反应"，所占比例均为3.33%。可以看出学生对烯烃及卤代烃之间的相互转化认识较为到位，并且一半的学生提到检验卤代烃中卤素的方法，但是很少有学生能理清烷烃、烯烃及卤代烃三者之间的转化关系，说明概念较多时学生容易混淆或记不住。

(7) 应用：学生提到"大多数卤代烃可以用在医疗方面"、"学习卤代烃，可以知道很多有机物的制取方法"、"卤代烃可制作橡胶和塑料"，所占比例均为 3.33%。这表明大部分学生不注重卤代烃在实际生活中的应用，不能将理论与实际相结合。

综上所述，学生学习卤代烃的困难主要体现在以下三个方面：①对取代反应的特征、条件以及在这种条件下发生反应的原因等理解上还存在困惑点或错误概念；②对消去反应的条件仍存在困惑；③不能理清烷烃、烯烃及卤代烃三者之间的转化关系。

四、教学策略

(1) 根据"卤代烃"认知结构变量与成绩的相关性分析可以看出，学生认知结构的广度与丰富度、错误描述、信息检索率显著相关($p<0.01$，$p<0.05$)，认知结构的丰富度与整合度、信息检索率也显著相关($p<0.01$)。学生头脑中知识点越多，知识之间联系就越多，认知结构的整体性就越强，教师在日常教学活动中，应结合具体的教学情境，给予学生适当的刺激，学生便能有效地提取有用的信息及时解决问题。

(2) 根据"卤代烃"信息处理策略与成绩的相关性分析可以看出，学生成绩与描述、情景推理等信息处理策略显著相关($p<0.01$，$p<0.05$)，表明学习成绩好的学生善于使用描述以及情景推理等逻辑水平较高的信息处理策略。因此，教师在教学中应注重培养学生使用描述、推理与归纳相结合处理问题的能力。

(3) 根据"卤代烃"学习困难统计结果展示的三个方面可以看出，学生对"卤代烃"主题中的琐碎小知识点掌握不牢。因此，教师应优化教学设计，改善教学方法，平时多带领学生复习已学知识，对于琐碎的小知识点在课堂上要多重复，平时的测试题中也应涉及这些知识，对于烷烃、烯烃及卤代烃三者之间的关系，教师可以在日常的教学过程中给学生画一个概念网络图，帮助学生理清、记住它们之间的关系。

第三节　苯　　酚

本节内容的测试对象为西安市第十中学高三年级某班的 33 名学生，在一轮复习中对苯酚这部分知识刚刚复习过后，根据该单元测试成绩，选择该班成绩从高到低排序的前 11 名、中间 11 名、最后 11 名学生(依次界定为学优生、中等生、学困生)进行测查。

一、认知结构流程图

(一) 不同层次学生认知结构流程图

通过转录文本绘制 33 名学生的认知结构流程图。由于篇幅有限，只选择列出了学优生、中等生、学困生各一名学生代表的认知结构流程图，见图 9-7～图 9-9。

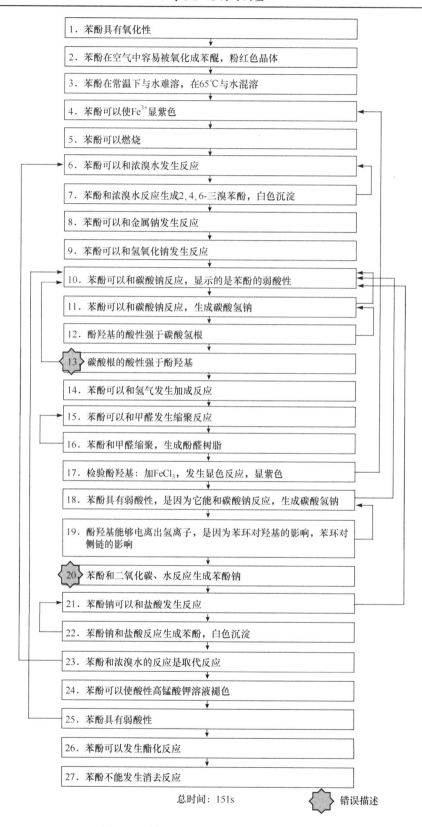

图 9-7　学优生的"苯酚"认知结构流程图

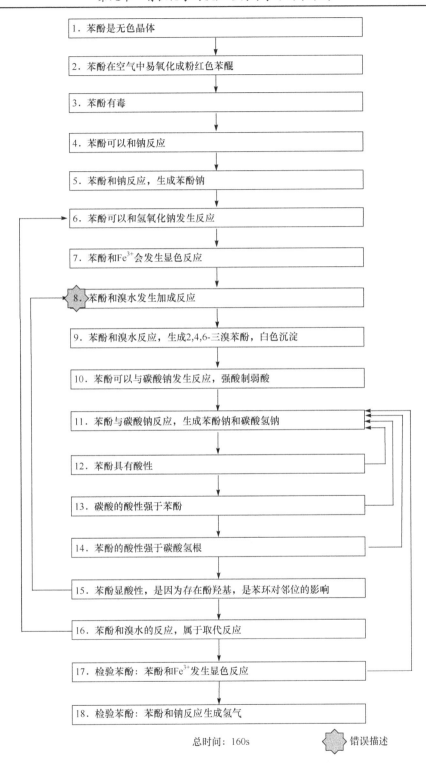

图9-8 中等生的"苯酚"认知结构流程图

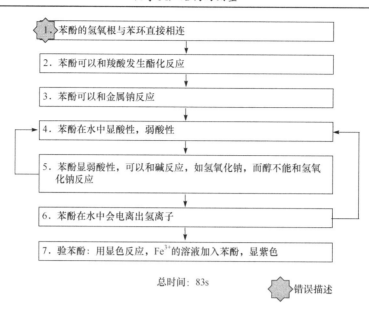

图 9-9　学困生的"苯酚"认知结构流程图

　　从图 9-7～图 9-9 可以看出,学优生回答的知识点较为全面,尤其是关于苯酚的化学性质,学优生能较清晰地描述出各类化学反应的反应现象、生成物以及苯酚显酸性的原因等知识,学生描述知识点的顺序是氧化反应,显色反应,取代反应,与金属钠、氢氧化钠、碳酸钠的反应,酸性强弱比较,苯酚的检验,以及其他反应,物理性质则不全面。中等生回答的知识点数目不及学优生,在苯酚的化学性质方面,中等生基本能描述出主要化学反应的反应物、生成物、反应现象等知识,但是对于反应的类型以及显酸性的原因在描述中出现迷思概念,学生呈现知识点的顺序是苯酚与金属钠、氢氧化钠、碳酸钠的反应,显色反应,酸性强弱比较,苯酚的检验,物理性质则不全面。学困生描述的知识点数目较少,在苯酚的化学性质方面,学困生知道各类化学反应的反应物,但是不能描述出反应的产物,学困生呈现知识点的顺序是酯化反应,与金属钠、氢氧化钠的反应,苯酚的检验,物理性质则没有提及。这三名学生对于苯酚的定义与结构几乎没有提及。

(二) 描述统计

　　对学生认知结构整体结果进行分析,三组学生认知结构变量和信息处理策略数据的平均值见表 9-11。

表 9-11　三组学生关于"苯酚"的认知结构变量和信息处理策略整体结果

量化维度	类型	学优生	中等生	学困生
	广度	19.00	15.64	11.09
	丰富度	9.55	7.73	4.18
认知结构变量	整合度	0.33	0.33	0.27
	错误描述	2.09	2.09	1.82
	信息检索率	0.13	0.11	0.08

续表

量化维度	类型	学优生	中等生	学困生
	定义	0.27	0.36	0.45
	描述	14.55	12.55	9.45
信息处理策略	比较和对比	1.09	0.82	0.45
	情景推理	1.09	0.45	0.18
	解释	1.73	1.36	0.73

根据流程图及表9-11可以看出：

(1) 学生之间的认知结构和信息处理策略存在差异性，学优生较中等生及学困生有更好的认知结构和信息处理策略，在访谈中能更多、更快地描述出头脑中关于苯酚的知识点，并能有效地联系，而且擅长使用多种信息处理策略；中等生有较好的认知结构和信息处理策略，基本能描述关于苯酚的知识点，并将其相联系，也能使用较多的信息处理策略；而学困生只能描述出部分知识点，而且倾向于使用较低水平的信息处理策略。

(2) 学优生较中等生及学困生有着更好的层次性，在访谈中能较清晰地从苯酚的定义与结构、物理性质、化学性质方面进行描述，并说明其原因；中等生基本能按一定的层次来描述知识点；而学困生只能简单地描述部分知识点。

(3) 学优生较中等生及学困生的整体性更好，在访谈中学优生能更全面地将知识点描述出来，而且能更好地利用多种信息处理策略将知识点有效联系，形成知识网络；而学困生知识结构较为混乱。

二、相关性分析

(一) 认知结构变量与成绩的相关性分析

从表9-12可以看出，学生成绩与广度、丰富度、整合度、信息检索率显著相关($p<0.01$，$p<0.05$)，学生成绩越高，其认知结构广度、丰富度、整合度、信息检索率越大，即学生在访谈中描述的知识点越多，而且能更好地将知识点联系起来，整合性越好，单位时间内提取知识点的数量越多。此外，认知结构广度与丰富度、整合度、错误描述、信息检索率显著相关($p<0.01$，$p<0.05$)，广度越大，丰富度、整合度、错误描述、信息检索率越大；丰富度与整合度、信息检索率显著相关($p<0.01$，$p<0.05$)，丰富度越大，整合度、信息检索率越大，即学生头脑中的知识点越多，并且能将知识点进行有效联系，在一定的刺激下，其整合性越好，提取信息越快。

表9-12 学生"苯酚"认知结构变量与纸笔测试成绩的相关性分析结果($N=33$)

	广度	丰富度	整合度	错误描述	信息检索率	成绩
广度		0.873**	0.387*	0.433*	0.355*	0.435*
丰富度			0.719**	0.174	0.412*	0.617**
整合度				−0.163	0.200	0.618**
错误描述					−0.069	−0.081
信息检索率						0.405*

*$p<0.05$；**$p<0.01$

(二) 信息处理策略与成绩的相关性分析

从表 9-13 可以看出，学生成绩与情景推理显著相关($p<0.01$)，学生成绩越高，其越倾向于使用情景推理信息处理策略；描述与情景推理、解释显著相关($p<0.05$)，说明学生能描述的知识点越多，其越倾向于使用情景推理、解释信息处理策略。此外，这些信息处理策略之间没有明显的相关性，正是这些看起来没有相互关系的信息处理策略代表了学生知识结构中的认知推理水平。

表 9-13　学生"苯酚"信息处理策略与纸笔测试成绩的相关性分析结果(N=33)

	定义	描述	比较和对比	情景推理	解释	成绩
定义		−0.199	0.073	0.119	−0.153	−0.113
描述			0.151	0.405*	0.410*	0.320
比较和对比				0.109	0.305	0.153
情景推理					0.075	0.488**
解释						0.291

*$p<0.05$；**$p<0.01$

(三) 信息处理策略与认知结构变量的相关性分析

通过数据分析发现，学生认知结构变量与信息处理策略存在一定的联系。从表 9-14 可以看出，认知结构的广度和丰富度与描述、情景推理、解释显著相关($p<0.01$)，广度还与比较和对比显著相关($p<0.05$)，说明广度和丰富度越大，学生越容易运用多种信息处理策略。此外，整合度和错误描述与描述相关($p<0.05$)，信息检索率与解释显著相关($p<0.01$)，说明学生认知结构的整体性越好，运用的描述越多，学生提取知识越快，运用的解释越多。

表 9-14　学生"苯酚"信息处理策略与认知结构变量的相关性分析结果(N=33)

	定义	描述	比较和对比	情景推理	解释
广度	−0.024	0.928**	0.379*	0.550**	0.551**
丰富度	0.028	0.781**	0.217	0.588**	0.491**
整合度	0.025	0.365*	−0.143	0.302	0.284
错误描述	−0.153	0.562*	−0.006	0.150	0.054
信息检索率	−0.191	0.256	0.196	0.036	0.471**

*$p<0.05$；**$p<0.01$

三、基于认知结构测量的学习困难分析

将学生对这部分知识的掌握情况及错误概念进行归类划分，见表 9-15。

表 9-15 关于"苯酚"学生回忆的主要概念

类别	种类	学生回忆的主要知识	人数	百分数/%
定义与结构	正确概念	苯酚的结构简式是 C_6H_5OH	6	18.18
		苯酚的官能团是酚羟基	9	27.27
		苯酚的分子式是 C_6H_6O	3	9.09
		苯酚的羟基与苯环直接相连	12	36.36
	迷思概念	苯酚的氢氧根与苯环直接相连	2	6.06
		苯酚的分子式是 C_6H_5OH	3	9.09
		酚的分子式是 C_nH_nO	1	3.03
		酚的通式是 $C_nH_{2n-6}O$	1	3.03
物理性质	正确概念	苯酚的密度比水小	5	15.15
		苯酚在常温下是无色晶体	7	21.21
		苯酚在常温下微溶于水，65℃以上与水混溶	13	39.39
		苯酚易溶于有机溶剂	2	6.06
		苯酚有毒性	3	9.09
		苯酚有刺激性气味	2	6.06
	迷思概念	苯酚易溶于水	2	6.06
		苯酚不溶于水	6	18.18
		通常情况下，苯酚是液体	5	15.15
		苯酚是白色的	3	9.09
		苯酚具有芳香气味(无味)	6	18.18
弱酸性	正确概念	苯酚具有弱酸性	29	87.88
		苯酚呈弱酸性，是因为苯环对酚羟基的影响，使羟基上的氢比较活泼，易电离出氢离子	14	42.42
		苯酚的酸性很弱，不能使石蕊变色	5	15.15
		苯酚的酸性弱于碳酸	11	33.33
		苯酚的酸性强于碳酸氢根离子	12	36.36
		苯酚可以和碳酸钠反应，强酸制弱酸	9	27.27
		苯酚和碳酸钠反应生成苯酚钠和碳酸氢钠	3	9.09
		苯酚钠能和酸性强于苯酚的酸反应生成苯酚	9	27.27
	迷思概念	苯酚钠可以和二氧化碳、水反应	8	24.24
		苯酚钠和二氧化碳、水反应生成碳酸氢钠和苯酚	7	21.21

续表

类别	种类	学生回忆的主要知识	人数	百分数/%
弱酸性	迷思概念	苯酚可以和钠反应	16	48.48
		苯酚和钠反应生成苯酚钠和氢气	7	21.21
		苯酚可以和氢氧化钠反应	25	75.76
		苯酚和氢氧化钠反应生成苯酚钠和水	9	27.27
		苯酚的酸性比碳酸强	1	3.03
		苯酚的酸性弱于碳酸根离子	3	9.09
		苯酚和氢氧化钠反应，生成碳酸氢钠和苯酚钠	2	6.06
		苯酚和钠反应，生成苯酚钠和水	2	6.06
		苯酚和二氧化碳、水反应生成苯酚钠	2	6.06
		苯酚和碳酸氢钠反应，生成苯酚钠、二氧化碳和水	3	9.09
		苯酚可以使指示剂变色，使酚酞溶液变红	3	9.09
		酚羟基可以电离出一个氢原子，是因为分子间作用力	2	6.06
		酚羟基具有酸性，是因为羟基跟苯环会影响苯环性质，使苯环上的氢变得活泼	4	12.12
取代反应	正确概念	苯酚可以发生取代反应	22	66.67
		苯酚可以和溴水发生反应	24	72.73
		苯酚和溴水的反应属于取代反应	16	48.48
		苯酚和溴水反应，生成 2，4，6-三溴苯酚，白色沉淀	19	57.58
		苯酚能发生取代反应，是因为酚羟基对苯环的影响，使得苯环上的邻、对位氢原子变得比较活泼	10	30.30
	迷思概念	苯酚与液溴反应，生成三溴苯酚沉淀	4	12.12
		苯酚和溴水的反应属于加成反应	3	9.09
		苯酚与浓溴水反应，生成 1，3，5-三溴苯酚，白色沉淀	1	3.03
		苯酚的取代反应发生在它的邻间对位	1	3.03
酯化反应	正确概念	苯酚可以和羧酸发生酯化反应，酸脱羟基酚脱氢	12	36.36
		酯化反应的条件是浓硫酸加热	1	3.03
显色反应	正确概念	苯酚可以和 Fe^{3+} 发生显色反应	19	57.58
		苯酚和 Fe^{3+} 反应，显紫色	12	36.36
	迷思概念	苯酚和 $FeCl_3$ 反应，使苯酚变成砖红色	1	3.03
还原性	正确概念	苯酚可以发生氧化反应	6	18.18

类别	种类	学生回忆的主要知识	人数	百分数/%
还原性	正确概念	苯酚在空气中会被缓慢氧化成粉红色的苯醌	19	57.58
		苯酚可以使酸性高锰酸钾溶液褪色	4	12.12
	迷思概念	苯酚具有氧化性	1	3.03
缩聚反应	正确概念	苯酚可以和甲醛发生缩聚反应	4	12.12
		苯酚和甲醛反应，生成酚醛树脂	1	3.03
检验苯酚	正确概念	利用 Fe^{3+} 的显色反应，显紫色	26	78.79
		滴加浓溴水，迅速生成白色沉淀	18	54.55
	迷思概念	检验苯酚用酸碱指示剂	1	3.03
		遇到碳酸氢钠会有气泡产生	2	6.06
		和氢氧化钠反应生成苯酚钠	2	6.06
加成反应	正确概念	苯酚可以和氢气发生加成反应	6	18.18
		苯酚和氢气加成，生成环己醇	1	3.03
其他	迷思概念	苯酚可以与醇反应	1	3.03
		苯酚具有氧化性	2	6.06

(1) 定义与结构：学生描述情况较差，提到苯酚的结构简式、官能团、分子式、定义的人数较少(18.18%、27.27%、9.09%、36.36%)，特别是容易忽略苯酚的分子式。存在的迷思概念主要是苯酚的分子式，但人数较少(9.09%)。出现这种情况的原因可能是教师在讲课时只是简单带过，学生印象不深，也可能是学生将之前学习过的官能团、分子式、结构简式的概念混淆，或者是学生在访谈录音时忽略了这部分知识。

(2) 物理性质：学生描述情况较差，提到苯酚的密度、状态、溶解性、毒性、气味的人数较少(15.15%、21.21%、39.39%、9.09%、6.06%)，尤其是苯酚的气味和密度。存在的迷思概念主要是苯酚的溶解性，此外还有状态和气味(15.15%、18.18%)。出现这种情况的原因可能是教师在讲这部分知识时只是传统的讲授，没有设置实验或让学生观察到真正的苯酚，学生印象不深，很容易忘记，也有可能是该部分内容比较简单，学生在访谈录音时忽略了这部分知识，将重点放在了化学性质。

(3) 弱酸性：学生对苯酚、碳酸、碳酸氢根的酸性强弱的描述情况较差。提到"苯酚的酸性很弱，不能使石蕊变色"、"苯酚和碳酸钠反应生成苯酚钠和碳酸氢钠"、"苯酚钠和二氧化碳、水反应生成碳酸氢钠和苯酚"等的人数较少(15.15%、9.09%、21.21%)。存在迷思概念主要是苯酚的酸性强弱、相关反应的产物及显酸性的原因。出现这种情况的原因可能是教师在课堂中设置的实验不具有代表性，或者是更多地注重了苯酚与其他物质能否发生反应，而忽视了反应的产物是什么，忽视了强酸制弱酸的原理，也可能是由于知识点太杂，学生容易混淆。

(4) 取代反应：学生对苯酚发生取代反应的原因，以及苯酚与溴水的反应描述情况较差。

学生提到"苯酚能发生取代反应，是因为酚羟基对苯环的影响，使得苯环上的邻、对位氢原子变得比较活泼"的人数较少(30.30%)。存在的迷思概念主要是苯酚与溴水反应后产物、苯酚与溴水的反应类型(12.12%、9.09%)。出现这种情况的原因可能是教师在讲课时忽视了将苯酚发生取代反应的原因与弱酸性的原因作对比，或者是没有设置特定的实验，学生没有彻底理解，也可能是学生没有将之前学过的知识进行迁移。

(5) 还原性：学生对于苯酚的苯酚的还原性了解较少。提到"苯酚可以发生氧化反应"、"苯酚可以使酸性高锰酸钾溶液褪色"的人数较少(18.18%、12.12%)。出现这种情况的原因可能是学生没有将之前学习过的知识灵活运用。

(6) 其他：对于苯酚的显色反应，部分学生不知道可以发生这个反应，多于一半的学生不清楚反应后显什么颜色；对于苯酚的检验，极少数学生不能说出检验苯酚的方法；对于苯酚的酯化反应、加成反应、缩聚反应，大部分学生不知道可以发生这些反应，或者知道可以反应，但不知道产物是什么。

综上所述，学生学习苯酚的困难在于苯酚的化学性质，主要体现在两个方面：①苯酚的弱酸性，很多学生混淆了苯酚、碳酸、碳酸氢根的酸性强弱，而且不清楚苯酚具有弱酸性的原因，部分学生不知道与苯酚酸性相关的反应，尤其是反应后的产物；②苯酚的取代反应，大多数学生不知道苯酚可以发生取代反应的原因，一半左右的学生不知道苯酚与溴水的反应属于取代反应且不知道反应产物。

四、教学策略

(1) 注重教学内容的情境性。在"苯酚"教学过程中，教师应把教学内容置于真实的情境中，在帮助学生掌握基本知识和技能的同时，积极引导学生使用情景推理信息处理策略。研究发现，频繁使用情景推理信息处理策略的学生，其纸笔测试成绩一般较高。例如，在苯酚的物理性质教学中，可以借助苯酚的实物展示以及苯酚溶于水的实验进行展开。

(2) 灵活运用"结构决定性质"的学科思想，突破教学重难点。在"苯酚"教学过程中，苯酚的性质既是教学重点又是教学难点。根据苯酚分子结构特点，苯酚性质的教学可以利用学生已经学过的乙醇、苯等相关知识围绕"结构决定性质"进行探讨。例如，对苯酚中羟基性质的教学，学生在学习乙醇的过程中，对乙醇中官能团——羟基的性质已有较深的理解，已经知道官能团是决定有机物化学性质的主要因素，初步认识了乙醇结构中烷基对羟基性质的影响，这为学生探究苯酚的性质提供了基础。但是苯酚的结构与乙醇不同(羟基与苯基相连)，学生通过对苯酚弱酸性等性质的学习，可以认识到：乙醇和苯酚均具有相同的官能团——羟基，因而具有相同的化学性质；但苯酚羟基上的氢原子较活泼，可发生微弱电离而显弱酸性，由此促进学生体会苯酚结构中苯基对羟基性质的影响，进而结合对比苯与苯酚结构中苯环上取代反应的差异，进一步发展学生对"结构决定性质"的认识。

(3) 渗透"三重表征"思维方式，促进学生"宏-微-符"有机联系。在"苯酚"教学中，教师应引导学生先观察宏观现象，再解释宏观现象的微观过程，进而用化学符号语言进行表征。研究发现，多数学生未掌握苯酚的弱酸性及其原因，并且部分学生未掌握与苯酚酸性相关的反应，尤其是反应产物。这就是因为学生尚未形成用微观结构解释宏观现象，并用化学符号对其进行表达的"三重表征"思维方式。因此，教师在"苯酚"教学中，应贯穿宏观现象、微观过程与符号工具"三维一体"的教学方式，促进学生对宏观现象、微观过程和符号表征有机联系。

(4) 针对苯酚酸性强弱及相关反应的学习困难，可以设置相应反应产物的探究实验，如 CO_2 与苯酚钠溶液反应产物的探究实验。

两支试管分别盛有等浓度 3mL 饱和 Na_2CO_3 溶液(分别滴有 2 滴酚酞溶液)，向其中一支试管加苯酚晶体约 1.29g，振荡后与另一支试管比较(加入苯酚完全溶解，试管中溶液红色明显变浅，无气泡)。

通过苯酚溶于碳酸钠(3mL 水中溶解苯酚小于 0.39g)，说明苯酚与碳酸钠发生了化学反应，生成易溶的苯酚钠；加苯酚溶液红色变浅，证明碳酸钠与苯酚反应后溶液碱性减弱，反应方程式应为

$$\text{\raisebox{-0.5em}{⬡}}-OH + Na_2CO_3 == \text{\raisebox{-0.5em}{⬡}}-ONa + NaHCO_3$$

一般来说，二氧化碳与比碳酸酸性弱的酸的盐(如 $NaClO$、Na_2SiO_3、$NaAlO_2$ 等)溶液反应时，二氧化碳少量或适量时生成碳酸的正盐，二氧化碳过量时生成碳酸的酸式盐。然而，在这个反应中无论二氧化碳量少量多，都生成酸式盐。因为酸性：$H_2CO_3 >$ 苯酚 $> HCO_3^-$。

(5) 针对苯酚取代反应的学习困难，可以类比之前学过的苯的溴代反应、甲苯的反应，创设问题情境，进行探究。

例如，让学生回忆苯的溴代反应中所用的反应物是水溶液还是纯液体，为什么要用催化剂，产物一般是几溴取代物，然后进行苯酚与浓溴水的实验，这时教师还可以引导学生联想以前学过的甲苯中甲基对苯环上氢原子的活性的影响，使学生思考苯酚中的羟基是否对苯环上的氢原子的活性也有影响。这样学生就容易地推测到苯酚与溴的取代反应应该比苯与溴的取代反应更容易发生，并进一步理解"结构决定性质"这一观点，理解苯酚可以与浓溴水发生取代反应，生成 2，4，6-三溴苯酚的原因是羟基对苯环的影响，即酚羟基使苯环产生定位活化效应，导致新取代基易进入羟基的邻位和对位。

在这样的探究过程中，学生通过对以前学过的相关知识的联想获得新、旧知识间的联系，完善了知识结构，巩固了原有的认知结构，促进了知识的迁移。同时，学生在解决具有多个官能团的有机化合物的化学性质的相关问题时就游刃有余了。

第四节　乙　　醇

本节内容的测试对象为西安市第十中学高三年级某班的 33 名学生，在一轮复习中对乙醇这部分知识刚刚复习过后，按照该单元测试成绩，选择该班成绩从高到低排序的前 11 名、中间 11 名、最后 11 名(依次界定为学优生、中等生、学困生)进行测查。

一、认知结构

(一) 不同层次学生认知结构流程图

通过转录文本绘制 33 名学生的认知结构流程图。由于篇幅有限，只选择列出了学优生、中等生、学困生各一名学生代表的认知结构流程图，见图 9-10~图 9-12。

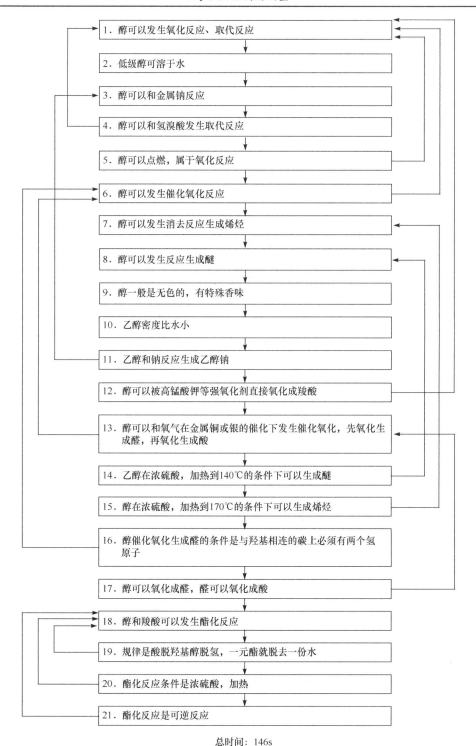

总时间：146s

图 9-10　学优生的"乙醇"认知结构流程图

　　从图 9-10～图 9-12 可以看出，学优生回答的知识点较为全面，尤其是关于醇的化学性质，学优生清楚掌握了各类化学反应的反应物、反应条件、生成物等知识。学优生呈现知识点的顺序是取代反应、氧化反应(包括燃烧以及催化氧化反应)、消去反应、分子间脱水反应、酯化

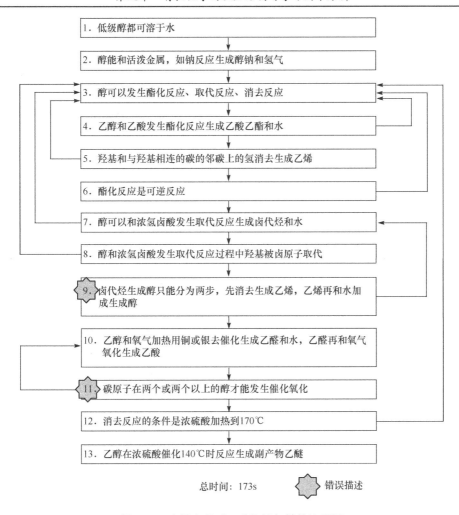

图 9-11　中等生的"乙醇"认知结构流程图

反应，物理性质则不全面，基本可以说出溶解度、密度、色味态等方面的性质。中等生回答的知识点数目不及学优生，在醇的化学性质方面，中等生基本掌握了各类化学反应的反应物、生成物等知识，然而在卤代烃的水解和催化氧化反应对于醇结构的要求这两个知识点上存在错误描述。中等生呈现知识点的顺序是取代反应、酯化反应、消去反应、催化氧化反应、分子间脱水反应，物理性质则不全面，只可以说出溶解度、密度、色味态中的某一到两个方面的知识。学困生回答的知识点数目与中等生基本相同，但是错误描述较多。在醇的化学性质方面，学困生知道各类化学反应的反应物、生成物等知识，但对于反应的类型、反应外部条件以及内部条件等存在错误描述。学困生呈现知识点的顺序是消去反应、酯化反应、取代反应、催化氧化反应，没有提及分子间脱水以及卤代烃水解等方面的知识，物理性质只提到了乙醇与水互溶。而这三名学生对于醇的结构、命名都没有提及。

（二）描述统计

对学生认知结构整体结果进行分析，三组学生认知结构变量和信息处理策略数据的平均值见表 9-16。

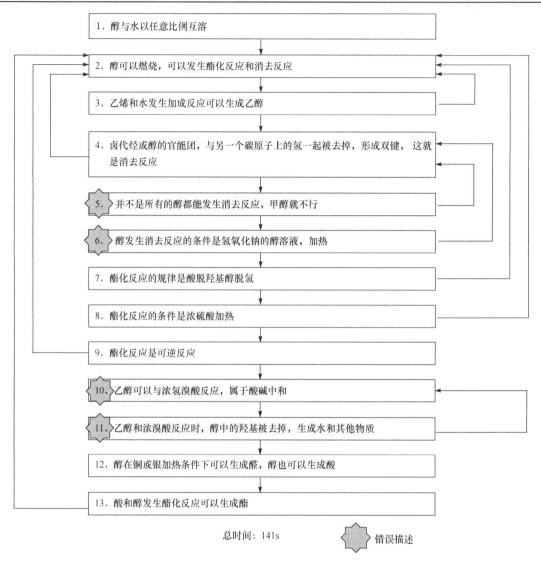

图 9-12 学困生的"乙醇"认知结构流程图

表 9-16 三组学生关于"乙醇"的认知结构变量和信息处理策略整体结果

量化维度	类型	学优生	中等生	学困生
	广度	18.45	16.10	17.27
	丰富度	10.73	8.09	7.91
认知结构变量	整合度	0.37	0.33	0.30
	错误描述	0.45	1.36	3.45
	信息检索率	0.11	0.10	0.09
	定义	0.09	0.18	0.36
	描述	12.01	10.55	12.82
信息处理策略	比较和对比	0.73	0.45	0.36
	情景推理	3.36	3.36	2.64
	解释	2.27	1.45	1.09

由表 9-16 可知，有关"乙醇"的认知结构变量，学优生明显优于中等生和学困生，学优生描述出的知识点最多，知识点间的联系也较为丰富，认知结构的整合度和信息检索率相对都较高，并且认知结构流程图中错误描述较少；中等生的认知结构各变量中，广度、丰富度、整合度以及信息检索率都不如学优生，而错误描述多于学优生，并且在广度、丰富度、整合度以及错误描述等变量上与学优生存在较大差异；学困生认知结构的丰富度、整合度、信息检索率都不及中等生，但是描述出的知识点却多于中等生，然而学困生的错误描述远远多于中等生，也就是说学困生虽然说出了较多知识点，但同时也出现了许多错误概念。此外，还可以看到，三名学生都倾向于使用描述和情景推理这两种信息处理策略。

二、相关性分析

(一) 认知结构变量与成绩的相关性分析

从表 9-17 可以看出，学生成绩与认知结构的丰富度、整合度显著相关($p < 0.01$，$p < 0.05$)；学生成绩与错误描述呈显著负相关($p < 0.01$)；认知结构的丰富度与广度、整合度显著相关($p < 0.01$)。也就是说，成绩越高的学生，其认知结构中的知识点数目越多，对于知识点描述出现的错误越少，且知识间的联系越密切，整合度越强，即学生能将已有知识联系起来并形成有层次的网络结构，在解决问题时能够及时有效地提取和选择有用的信息并加以整合，并且学生认知结构中的错误描述对于学生解决问题的质量有重要影响。值得关注的是，成绩与认知结构的广度、信息检索率没有显著相关关系，也就是说，学优生、中等生、学困生头脑中的知识数目并没有太大区别，同时从知识网络中提取信息的效率也没有明显区别。学生认知结构的差别主要体现在知识的系统性、完整性、正确性方面。

表 9-17　学生"乙醇"认知结构变量与纸笔测试成绩的相关性分析结果(N=33)

	广度	丰富度	整合度	错误描述	信息检索率	成绩
广度		0.774**	0.220	0.222	0.194	0.206
丰富度			0.767**	0.118	0.111	0.425*
整合度				0.001	−0.040	0.471**
错误描述					−0.344	−0.501**
信息检索率						0.219
成绩						

*$p < 0.05$；**$p < 0.01$

(二) 信息处理策略与成绩的相关性分析

从表 9-18 可以看出，学生成绩与信息处理策略中的解释显著相关($p < 0.05$)，说明善于运用解释这一信息处理策略建构该领域知识的学生更容易取得较高的纸笔测试成绩。

表 9-18　学生"乙醇"信息处理策略与纸笔测试成绩的相关性分析结果($N=33$)

	定义	描述	比较和对比	情景推理	解释	成绩
定义		0.401*	0.253	0.158	−0.188	−0.253
描述			0.001	0.038	−0.151	−0.083
比较和对比				−0.090	−0.247	0.118
情景推理					0.104	0.343
解释						0.371*

*$p < 0.05$

(三) 信息处理策略与认知结构变量的相关性分析

从表 9-19 可以看出,学生认知结构的广度与信息处理策略的定义、描述和情景推理显著相关($p < 0.01$);认知结构的丰富度与信息处理策略的描述、情景推理、解释显著相关($p < 0.01$, $p < 0.05$),同时广度、丰富度是与最多信息处理策略显著相关的认知结构变量。认知结构的整合度与信息处理策略的解释显著相关($p < 0.05$),说明学生头脑中的知识网络越完善,对于知识的来龙去脉把握越准确;认知结构的错误描述与信息处理策略的定义显著相关($p < 0.05$),说明对该领域知识的掌握普遍不好,了解更多知识的同时也伴随着更多的错误。认知结构的信息检索率与信息处理策略各项均没有明显的相关关系,这说明学生采取何种方式处理信息与他们从认知结构中选取解决问题信息的效率并没有关系。通过以上分析可以发现,信息处理策略中的描述、情景推理和解释水平对学生的认知结构发展有着极为重要的作用。因此,在日常的教学活动中,教师应着重培养学生对事物的描述、解释和情景推理能力,并注重对定义、概念等的强调,为其认知结构的发展奠定良好的基础。

表 9-19　学生"乙醇"信息处理策略与认知结构变量的相关性分析结果($N=33$)

	定义	描述	比较和对比	情景推理	解释
广度	0.473**	0.780**	0.036	0.550**	0.212
丰富度	0.209	0.468**	0.008	0.569**	0.393*
整合度	−0.083	−0.017	−0.054	0.299	0.426*
错误描述	0.363*	0.227	−0.338	0.087	0.065
信息检索率	−0.017	0.224	0.083	0.051	−0.077

*$p < 0.05$;**$p < 0.01$

三、基于认知结构测量的学习困难分析

将学生对这部分知识的掌握情况及错误概念进行归类划分,见表 9-20。

表 9-20　关于"乙醇"学生回忆的主要概念

类别	种类	学生回忆的主要知识	人数	百分数/%
定义、结构和分类	正确概念	烷烃上的一个氢被羟基取代形成的物质称为乙醇，醇的官能团为醇羟基	15	45.45
		乙醇的结构简式是 CH_3CH_2OH 或 C_2H_5OH	3	9.09
		饱和一元醇的通式是 $C_nH_{2n+1}OH$	5	15.15
		醇按照官能团的数目可以分为一元醇和多元醇	5	15.15
		醇按照分子结构中有无苯环可以分为芳香醇和脂肪醇	1	3.03
	迷思概念	由碳氢元素组成并且分子结构中有羟基的物质称为醇	1	3.03
		分子结构中没有苯环，碳上连有羟基的就是醇	1	3.03
		醇的通式为 $C_nH_{2n+2}O$，氧原子也可以是其他原子	1	3.03
		醇的通式为 $C_nH_{2n}O$	1	3.03
物理性质	正确概念	乙醇无色，有特殊香味，常温下为液态	13	39.39
		乙醇密度比水小	8	24.24
		乙醇的熔沸点较低	1	3.03
		随碳原子数目的提高，醇的密度不断增大	3	9.09
		随碳原子数目的提高，醇的熔沸点不断增大	6	18.18
		乙醇易溶于水	21	63.63
		乙醇俗称酒精	6	18.18
	迷思概念	与相同碳原子数的烷烃相比，醇的熔沸点较低	1	3.03
		乙醇是无味的	8	24.24
		与相同碳原子数的烷烃相比，醇的密度较低	1	3.03
		密度比水大	1	3.03
置换反应	正确概念	乙醇可以和钠发生反应生成乙醇钠和氢气	22	66.67
	迷思概念	醇可以和氢氧化钠发生取代反应，羟基上的氢被钠取代	1	3.03
		乙醇与氯化氢可以发生取代反应，生成一氯乙醇和水	1	3.03
		醇与金属钠反应存在"浮熔游响红"等现象	1	3.03
		乙醇和金属钠反应生成乙醇钠和水	2	6.06
取代反应	正确概念	乙醇可以和浓氢溴酸发生取代反应生成溴乙烷和水	25	75.76
		乙醇转化为卤代烃需要催化剂加热	6	18.18
		两个乙醇分子在浓硫酸加热到140℃发生分子间脱水生成乙醚	17	51.52

类别	种类	学生回忆的主要知识	人数	百分数/%
取代反应	迷思概念	卤代烃可以和乙醇发生取代反应	1	3.03
		乙醇和溴化氢的反应没有条件	1	3.03
		乙醇可以与浓氢溴酸反应，属于酸碱中和	1	3.03
		乙醇和溴化氢发生反应生成溴化乙醇和氢气	1	3.03
		乙醇在浓硫酸140℃时发生反应，产物是醛	1	3.03
		乙醇生成乙醚是氧化反应	1	3.03
		乙醇与浓硫酸反应加热到140℃生成乙醚	1	3.03
消去反应	正确概念	乙醇可以发生消去反应生成乙烯和水	27	81.82
		乙醇在浓硫酸170℃条件下发生消去反应	23	69.70
		醇发生消去反应的条件是与羟基相连的碳的邻碳上有氢	13	39.39
	迷思概念	消去反应的反应物是醇与浓溴酸	1	3.03
		醇和氢氧化钠醇溶液发生消去反应，生成乙烯、溴化钠和水	1	3.03
		与羟基相连的碳上有氢才能发生消去反应	4	12.12
		醇可以和氢氧化钠水溶液发生消去反应	6	18.18
		乙醇与浓硫酸反应，在170℃的条件下可以生成醚	1	3.03
催化氧化反应	正确概念	乙醇与氧气在金属银或铜作催化剂的条件催化氧化下生成乙醛	19	57.58
		与羟基相连的碳的邻碳上有氢才能发生催化氧化，有两个氢生成醛	8	24.24
		发生催化氧化反应时与羟基相连的碳的邻碳上有一个氢生成酮	7	21.21
	迷思概念	发生催化氧化反应时，醇分子中羟基所连的碳处于分子中间生成酮	2	6.06
		发生催化反应时，醇分子中羟基所连的碳处于分子的两端生成醛	2	6.06
		与羟基相连的碳的邻碳上有氢才能发生催化氧化	2	6.06
		醇发生消去反应的条件为氢氧化钠醇溶液加热	2	6.06
		乙醇消去生成丙烯	1	3.03
		与羟基相连的碳上有一个氢生成醛，有两个氢生成酮	1	3.03
		所有的醇都能进行催化氧化	1	3.03
		碳原子在两个或两个以上的醇才能发生催化氧化	1	3.03

续表

类别	种类	学生回忆的主要知识	人数	百分数/%
酯化反应	正确概念	乙醇与乙酸发生酯化反应	33	100.00
		酯化反应条件是浓硫酸加热	27	81.82
		酯化反应的规律是酸脱羟基醇脱氢	19	57.58
		酯化反应是可逆的	23	69.70

(1) 定义、结构和分类：学生掌握的情况欠佳，并且提到醇的官能团、醇的通式、结构简式及醇的分类等概念。其中，45.45%的学生提及了醇的官能团是羟基这一概念，但提到醇的通式、结构简式以及醇的分类比较少(15.15%、9.09%、18.18%)，尤其容易忽略醇的结构简式。存在的迷思概念是对醇的定义和通式描述出错，但人数很少。出现这种情况的原因可能是该部分内容比较简单，并且学生在必修中已经学过，学生在访谈中容易忽略这部分知识。

(2) 物理性质：学生提及醇的色味态、醇的密度、熔沸点、溶解性、俗名等知识，其中提及色味态、密度及溶解性的学生人数较多，但同时迷思概念也主要集中在这几方面。值得关注的是，24.24%的学生在访谈中提到醇是无味的，出现这种情况的原因可能是教师在进行该部分内容教学时比较简略，并且学生在描述中有可能将"无色无味"连接起来脱口而出，出现口误。

(3) 置换反应：这部分知识学生掌握情况较好，66.67%的学生提到乙醇可以和钠发生反应生成乙醇钠和氢气，存在的迷思概念主要有学生对于置换反应的反应物、生成物、反应类型描述出错，或者将置换反应与金属钠与水反应的反应现象混淆，但是都属于个案。

(4) 取代反应：这部分知识学生提到的主要概念有乙醇与浓氢溴酸反应生成卤代烃、乙醇与浓氢溴酸的反应条件、乙醇分子间脱水生成乙醚(75.76%、18.18%、51.52%)。可以看出大部分学生都能够正确描述醇与氢卤酸的取代反应和醇的分子间脱水，但是提及醇与氢卤酸发生反应的条件的学生较少，可能原因是该反应条件只是加热，较为简单，学生对其关注较少。

(5) 消去反应：该部分知识学生提及的主要概念是醇发生消去反应的产物、反应条件、消去反应对于醇分子结构的要求(81.82%、69.70%、39.39%)。可以看出，学生对前两者掌握较好，但是正确描述消去反应对于醇分子结构要求的学生相对较少。这可能是由于这部分内容较为抽象复杂，并且学生容易与催化氧化反应对于醇分子结构的要求混淆。在学生存在的迷思概念中也证实这一猜想。学生的迷思概念有对于反应物和产物、反应条件以及消去反应对于醇分子结构的要求描述出错，其中12.12%的学生认为与羟基直接相连的碳上有氢才能发生消去反应，同时18.18%的学生认为乙醇与氢氧化钠水溶液发生消去反应，可能原因是学生之前刚学习过卤代烃的相关反应，将乙醇的消去反应与卤代烃的水解反应混淆。

(6) 催化氧化反应：这部分知识学生掌握欠佳，学生提及的概念有醇催化氧化反应的条件与生成物；催化氧化反应对于醇分子结构的要求，有两个氢生成醛，有一个氢生成酮(57.58%、24.24%、21.21%)。这部分知识的迷思概念主要是催化氧化反应对于醇分子结构的要求，学生在这部分错误类型多种多样，究其原因仍然是没有掌握催化氧化反应的断键机理，对于反应实质认识不足。

(7) 酯化反应：学生对于酯化反应的掌握情况较好，学生提到的主要概念有酯化反应的反应物与生成物、条件、规律、本质(100.00%、81.82%、57.58%、69.70%)。可以看出，所有学生都提到了酯化反应的反应物与生成物，并且没有人出现迷思概念，但是对于酯化反应的规律以及酯化反应是可逆反应这一性质有详细描述的学生相对较少。

综上所述，学生的学习困难主要集中在物理性质、化学性质中的消去反应和催化氧化反应对于醇分子结构的要求方面。

四、教学策略

学生认知结构的广度、丰富度、错误描述均与学生成绩有相关关系。因此，教师在教学过程中，在注重对学生知识数量要求的同时，还应注重对知识的整体性要求，在练习过程中注重对学生知识结构的构建。在促进学生基础知识的学习中，引导学生对知识的理解及对认知结构的整合，在原有知识经验基础上学习更高层次的知识。

在"醇类"相关知识的学习中，学生成绩与信息处理策略中的解释显著相关，并与信息处理策略中的情景推理相关但不显著。因此，教师在该部分教学中，应多引导学生从逻辑推理入手分析和解决问题，培养学生的学习兴趣，优化学生的认知结构。

通过分析学生学习困难的内容，发现学生对于某些具体知识的理解和掌握还存在不足，对于醇类的结构、分类，物理性质等方面涉及较少，这是由于教师对于该部分内容的讲解过于注重考试重点，而忽略了一些基本性质和概念。因此，教师在教学过程中应当注重对基础知识的巩固。此外，学生对于乙醇化学反应机理的理解仍存在很多漏洞。造成这一现象的原因是应试教育理念在教师、家长心中根深蒂固，在教学过程中遇到学生暂时不理解的内容，教师就会要求学生记结论或做题技巧，忽视学生对知识本质和内容的理解，造成学生不能将知识间建立有效联系，从而不利于学生良好认知结构的构建。因此，教师在教学中应重视对于反应基本原理的教学，帮助学生理解知识，实现有意义学习。

第五节　　醛

本节内容的测试对象为西安市第八十三中学高二年级某班的 36 名学生，根据月考成绩，选择该班级化学单科成绩排名在前 12 名、中间 12 名、后 12 名的学生(依次界定为学优生、中等生、学困生)进行测查。

一、认知结构流程图

(一) 不同层次学生认知结构流程图

通过转录文本绘制 36 名学生的认知结构流程图。由于篇幅有限，只选择列出了学优生、中等生、学困生各一名学生代表的认知结构流程图，见图 9-13~图 9-15。

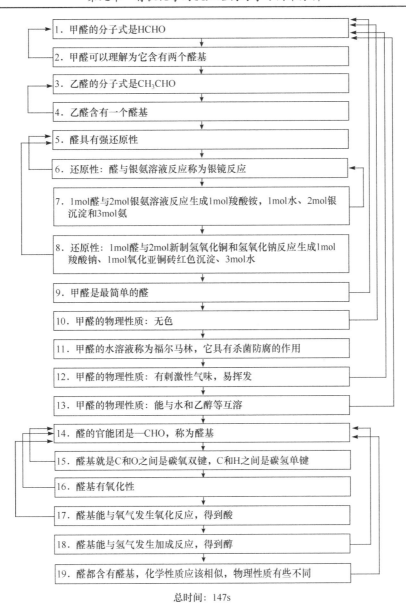

1. 甲醛的分子式是HCHO
2. 甲醛可以理解为它含有两个醛基
3. 乙醛的分子式是CH₃CHO
4. 乙醛含有一个醛基
5. 醛具有强还原性
6. 还原性：醛与银氨溶液反应称为银镜反应
7. 1mol醛与2mol银氨溶液反应生成1mol羧酸铵，1mol水、2mol银沉淀和3mol氨
8. 还原性：1mol醛与2mol新制氢氧化铜和氢氧化钠反应生成1mol羧酸钠、1mol氧化亚铜砖红色沉淀、3mol水
9. 甲醛是最简单的醛
10. 甲醛的物理性质：无色
11. 甲醛的水溶液称为福尔马林，它具有杀菌防腐的作用
12. 甲醛的物理性质：有刺激性气味，易挥发
13. 甲醛的物理性质：能与水和乙醇等互溶
14. 醛的官能团是—CHO，称为醛基
15. 醛基就是C和O之间是碳氧双键，C和H之间是碳氢单键
16. 醛基有氧化性
17. 醛基能与氧气发生氧化反应，得到酸
18. 醛基能与氢气发生加成反应，得到醇
19. 醛都含有醛基，化学性质应该相似，物理性质有些不同

总时间：147s

图 9-13　学优生的"醛"认知结构流程图

认知结构的整体性：学优生关于"醛"回忆的知识点数目较多，知识点之间的网络联系也比较多，认知结构的整体性较好；相比较而言，中等生和学困生认知结构的整体性较差，尤其是学困生回忆的知识点数目少，知识之间的联系也不多，认知结构的整体性差。

认知结构的层次性：学优生的认知结构中，描述1～描述4涉及醛的组成，描述5～描述8涉及醛的化学性质，描述9～描述13涉及甲醛的物理性质，描述14～描述15涉及醛基及其结构，描述16～描述19又回归到化学性质，思路清晰，层次性好。中等生回忆顺序为醛的官能团、醛的化学性质、饱和一元醛的通式、甲醛的结构、乙醛的化学性质、加成反应的机理，其中物理性质、化学性质和结构稍有交叉，层次性较好。学困生则只能回忆出醛的化学性质，仅就化学性质来看，层次非常清晰，描述5～描述7与描述1～描述3一一对应，只是认知面比较狭窄，认知结构明显需要进一步完善和优化。

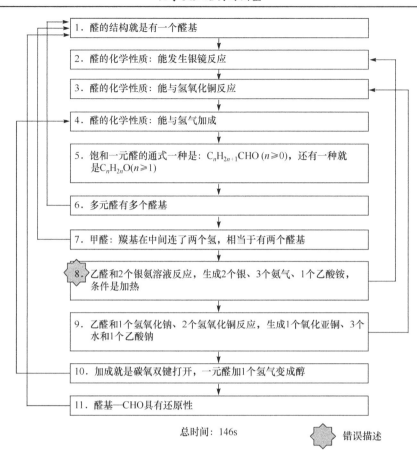

图 9-14　中等生的"醛"认知结构流程图

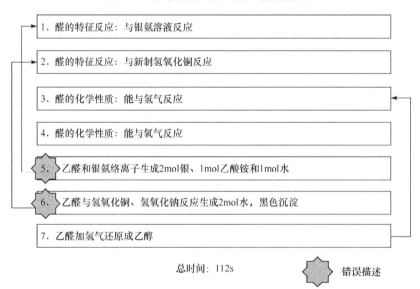

图 9-15　学困生的"醛"认知结构流程图

认知结构的广度和深度：学优生对醛的知识描述比较全面，从描述 7 和描述 8、描述 16～描述 19 明显可以看出，学生头脑中有强烈的官能团类别概念，能从醛/醛基的共性出发描述化学性质，体现有机化学当中的官能团化学理念，深度可见一斑。中等生的描述只有组成和结构与化学性质两部分，其中描述 1～描述 4、描述 10 和描述 11 可以看出中等生是有官能团化学概念的，且描述 8 和描述 9 是以乙醛为例说明化学性质，但是缺乏物理性质和应用的知识储备，认知结构广度、深度欠缺。学困生只能回忆出醛的化学性质，其中描述 5～描述 7 是对描述 1～描述 3 的举例说明，错误描述较多，广度、深度都非常欠缺。

从可视化图形定性分析学习者认知结构的角度来看，学优生认知结构的整体性、层次性、深度和广度都比较好，认知结构相对比较完善，中等生和学困生的认知结构知识面狭窄，条理性差，认知结构存在缺陷，需要进一步提高和完善。

(二) 描述统计

对学生认知结构整体结果进行分析，三组学生认知结构变量和信息处理策略数据的平均值见表 9-21。

表 9-21 三组学生关于"醛"的认知结构变量和信息处理策略整体结果

量化维度	类型	学优生	中等生	学困生
认知结构变量	广度	17.63	11.92	7.18
	丰富度	13.89	7.92	4.94
	整合度	0.43	0.32	0.29
	错误描述	0.46	1.87	2.49
	信息检索率	0.13	0.11	0.07
信息处理策略	定义	0.84	0.74	0.66
	描述	12.58	9.68	5.79
	比较和对比	1.98	0.46	0.34
	情景推理	0.78	0.33	0.08
	解释	1.45	0.71	0.31

由表 9-21 可以看出，关于"醛"的认知结构变量，学优生明显优于中等生和学困生。学优生知识点的广度、丰富度、整合度、信息检索率大，错误描述少；中等生各认知结构变量次之，错误描述较少；相比之下，学困生的认知结构不仅错误描述较多，而且各变量值都比较低，可以反映出学困生对于"醛"的认知水平较低，在一定的环境刺激下，不能有效回忆和组织知识，认知结构需要进一步完善和优化。

关于"醛"的信息处理策略，明显可以看出三组学生都倾向于使用描述策略，但相对于中等生和学困生，学优生较多使用了比较和对比、情景推理和解释策略，反映出成绩高的学生倾向于使用高水平的信息处理策略来组织知识。

二、相关性分析

(一) 认知结构变量与成绩的相关性分析

对学生认知结构变量与成绩进行了相关性分析, 结果见表 9-22。

表 9-22　学生"醛"认知结构变量与纸笔测试成绩的相关性分析结果($N=36$)

	广度	丰富度	整合度	错误描述	信息检索率	成绩
广度	0.853**	0.344*	0.254	0.428**	0.495**	
丰富度		0.598**	0.198	0.365*	0.399**	
整合度			0.122	−0.178	−0.220	
错误描述				−0.358*	−0.127	
信息检索率					−0.179	

*$p<0.05$; **$p<0.01$

由表 9-22 可以看出, 关于"醛"的知识内容, 学生的纸笔测试成绩与认知结构的广度、丰富度显著相关($p<0.01$), 学优生在访谈中描述的知识点多, 知识之间的联系大; 认知结构的广度与丰富度、整合度、信息检索率都显著相关($p<0.01$, $p<0.05$); 丰富度与整合度、信息检索率显著相关($p<0.01$, $p<0.05$); 有意思的是, 错误描述与信息检索率呈负相关($p<0.05$), 说明学生认知结构中错误描述越多, 越难有效提取信息。此外, 学生的纸笔测试成绩与整合度、错误描述和信息检索率不相关, 这种结果可能与访谈时学生语速的干扰有关。

(二) 信息处理策略与成绩的相关性分析

对学生信息处理策略与成绩进行了相关性分析, 结果见表 9-23。

表 9-23　学生"醛"信息处理策略与纸笔测试成绩的相关性分析结果($N=36$)

	定义	描述	比较和对比	情景推理	解释	成绩
定义	0.367*	−0.121	0.479**	−0.031	0.139	
描述		−0.138	0.044	0.199	0.397*	
比较和对比			−0.058	0.230	0.581**	
情景推理				−0.140	0.005	
解释					0.414*	

*$p<0.05$; **$p<0.01$

由表 9-23 可以看出, 关于"醛"的知识内容, 学生的成绩与描述、比较和对比、解释显著相关($p<0.05$, $p<0.01$), 这与"醛"的知识内容特点有关, 有机化学知识要求学生掌握有机物的组成结构、物理性质、化学性质及其应用, 绝大多数学生会"描述"醛的分子式、结构、物理性质、化学性质和应用, 还有部分学生会"比较和对比"甲醛、乙醛中醛基的个数

和反应的系数,少数学生会"解释"性质与结构的关系,即随着知识深度增加,需要使用的信息处理策略水平相应变高,能够完整正确概念表征知识的学生也越少,这充分说明了学优生在组织知识时善于使用逻辑水平较高的信息处理策略。数据还显示纸笔测试成绩与定义和情景推理无相关性,主要原因可能是学生在组织知识时很少使用这两种策略。统计数据表明,36 名学生中,"定义"这一策略只使用了 4 次,"情景推理"策略的使用更少,只有 2 次。

对学生成绩与信息处理策略之间的相关性进行研究分析,可以帮助教师了解学生在学习知识时所采用的信息处理策略。研究表明,学优生倾向于使用描述、比较和对比、解释的策略表述"醛"的知识点,而对于烃的含氧衍生物"乙酸",学优生倾向于使用情景推理和解释的策略表述知识点。因此,不同主题知识学习过程中,学生所采用的信息处理策略稍有不同。

三、基于认知结构测量的学习困难分析

有机化学是化学核心知识的重要组成部分,烃的含氧衍生物部分是高中生系统学习有机物的结构、组成、含氧官能团及其性质的章节,包括醇和酚、醛、羧酸、酯等。而醛是连接醇和羧酸的桥梁。高中化学"醛"学习内容主要包括醛的组成和结构、物理性质、化学性质及应用。对 36 名学生有关"醛"访谈内容进行统计、分析、归纳总结,结果见表 9-24。

表 9-24 关于"醛"学生回忆的主要概念

类别	种类	学生回忆的主要知识	人数	百分数/%
结构和组成		醛基的结构就是 C 和 O 之间是碳氧双键,C、H 之间是单键	17	47.22
		醛的官能团是—CHO,称为醛基	18	50.00
官能团	正确概念	还原糖中有醛基	7	19.44
		醛的结构就是醛基上连一个 R 基	5	13.89
		醛基是平面的,如果有甲基、乙基就是立体的	1	2.78
		有些物质虽含有醛基但不属于醛类	1	2.78
分类	正确概念	醛的分类:根据 R 基的不同,分为脂肪醛和芳香醛;根据醛基的个数分为一元醛和二元醛、多元醛	2	5.56
同分异构	正确概念	酮羰基和醛基是同分异构体	2	5.56
		丁醛有两种同分异构体	1	2.78
通式	正确概念	饱和一元醛通式有两个:$C_nH_{2n}O(n \geqslant 1)$ 或 $C_nH_{2n+1}CHO$ $(n \geqslant 0)$	1	2.78
	迷思概念	醛的通式,一种是 $C_nH_{2n+1}CHO$,另一种是 $C_nH_{2n}O$	3	8.33
甲/乙醛	正确概念	甲醛的羰基在中间,连了两个氢,相当于有两个醛基	7	19.44
		甲醛是唯一含氧气态衍生物	2	5.56
		甲醛的分子式是 HCHO,乙醛的分子式是 CH_3CHO	1	2.78
		甲醛是最简单的醛	1	2.78

续表

类别		种类	学生回忆的主要知识	人数	百分数/%
结构和组成	甲乙/醛	迷思概念	甲醛比较特殊，左边一个氢，右边一个氢，有两个官能团	1	2.78
物理性质	溶解性	正确概念	低级/简单(甲、乙、丙)醛和水互溶，易溶于有机溶剂	6	16.67
			醛的溶解度要看烷烃基和醛基的比例，烷烃基是疏水基，醛基是亲水基，低级的醛烃基小，可以与水互溶，高级的醛不溶于水	5	13.89
	色、态	正确概念	醛的物理性质：有特殊/刺激性气味	4	11.11
			甲醛的物理性质：气体，易挥发	4	11.11
			乙醛的物理性质：液体，易挥发	3	8.33
			甲醛有毒	3	8.33
			甲醛的物理性质：无色	2	5.56
		迷思概念	醛的物理性质：溶于水	4	11.11
			化学组成决定了醛的密度比水小	2	5.56
			醛的物理性质：液态有机物	1	2.78
化学性质	氧化还原反应	正确概念	醛/醛基具有(强)还原性	24	66.67
			醛/醛基具有氧化性	7	19.44
			因为醛基的碳氧双键是不饱和键，所以具有还原性和氧化性	2	5.56
			醛能被氢气还原成醇	34	94.45
			醛能被氧气氧化成酸	33	91.67
			乙醛和氧气反应生成乙酸	4	11.11
			醛被氧化是醛基变成羧基，醛被还原是醛基变成羟基	2	5.56
			醛能和酸性高锰酸钾反应，使酸性高锰酸钾褪色	10	27.78
			醛能和溴水反应，使溴水褪色	4	11.11
			醛能在氧气中燃烧，生成二氧化碳和水	2	5.56
			酸能还原成醛	2	5.56
		迷思概念	乙醛和溴反应是取代反应，溴取代甲基	1	2.78
	加成反应	正确概念	乙醛与氢气加成生成乙醇	13	36.11
			醛与氢气在碳氧双键上加成生成羟基	6	16.67
		迷思概念	醛类加成，如它加酸，与卤素，与HX，可以生成CHO	1	2.78
			与氢气催化加成是在催化剂的条件下会断裂碳氧键	1	2.78

续表

类别	种类	学生回忆的主要知识	人数	百分数/%
化学性质	银氨溶液 正确概念	醛能与银氨溶液发生反应	25	69.44
		1mol乙醛和2mol银氨溶液反应,加热生成1mol乙酸铵、2mol银、3mol氨气、1mol水(其中方程式1个)	9	25.00
		醛/醛基与银氨溶液反应生成羧酸铵盐、氨气、水、银单质	7	19.44
		醛的特征反应:与银氨溶液反应称为银镜反应	6	16.67
		银镜反应先制银氨溶液,氨水滴加到硝酸银溶液中至沉淀恰好消失	4	11.11
		1mol甲醛发生银镜反应,消耗4mol银氨溶液	3	8.33
	迷思概念	乙醛与银氨溶液进行反应,加热生成羧酸	8	22.22
		醛类可以与银氨溶液反应生成银沉淀和羧酸铵盐	7	19.44
		1mol醛和2mol银氨溶液反应生成3mol氨、1mol水和羧酸铵	3	8.33
		乙醛和2个银氨溶液反应加热生成氧化银、氨气、水、乙酸铵	1	2.78
	氢氧化铜 正确概念	醛能与新制氢氧化铜反应	19	52.78
		醛与氢氧化铜反应生成砖红色沉淀	14	38.89
		1mol乙醛、2mol氢氧化铜、1mol氢氧化钠反应生成3mol水、1mol氧化亚铜、1mol乙酸钠	9	25.00
		醛和新制氢氧化铜反应,醛氧化得到酸(酸钠)	3	8.33
		1个甲醛与4个氢氧化铜、2个氢氧化钠反应,生成2个氧化亚铜砖红色沉淀、1个碳酸钠、6个水	2	5.56
	迷思概念	乙醛与氢氧化铜反应,在碱性条件下生成2个氧化亚铜、1个乙酸、3个水	5	13.89
		1mol醛和新制氢氧化铜加氢氧化钠会形成1mol羧酸钠、1mol氧化亚铜砖红色沉淀,不会生成水	3	8.33
		醛类跟2分子氢氧化铜加氢氧化钠,加热生成1分子氧化铜(黑色的)沉淀	3	8.33
应用	福尔马林 正确概念	甲醛的水溶液称为福尔马林,有杀菌防腐的功能	10	27.78
	工业合成 正确概念	醛在生活中有很大的用处,缩合反应	6	16.67
	检验醛基 正确概念	银镜反应可以检验醛基/还原糖	6	16.67
		与新制氢氧化铜反应生成砖红色沉淀,可以用来检验醛基/还原糖	2	5.56
	制镜 正确概念	银镜反应可以用于制备镜子	2	5.56
	醛的存在 迷思概念	甲醛在各种家具中有	3	8.33

由表 9-24 可以看出，学生对于醛的不同知识模块的掌握情况各不相同。

(1) 结构和组成部分的焦点主要集中在醛基官能团及其结构。

关于官能团，50.00%的学生正确描述了醛的官能团是醛基，47.22%的学生正确描述了醛基的结构，这两项之和达 97.22%，由此可见学生对醛的概念有深刻的认识，明确不同于其他有机物之处在于醛基官能团；19.44%的学生提到还原糖中有醛基；13.89%的学生描述了醛的结构就是醛基上连一个 R 基；仅有 2.78%的学生提到醛基的立体结构是平面的以及有些物质虽含有醛基但不属于醛类。关于醛的分类和同分异构，只有 5.56%的学生描述了醛分类标准和羰基与醛基属于官能团异构，2.78%的学生举例说明了丁醛有两种同分异构体。关于醛的通式，11.11%的学生说出了醛的通式有两种，分别是 $C_nH_{2n+1}CHO$ 和 $C_nH_{2n}O$，但仅有 2.78%的学生正确说出了通式的限制条件为饱和一元醛以及前者 $n \geq 0$，后者 $n \geq 1$，说明学生能找到醛的共性，但缺乏推理的思维过程，仅记住了公式，未能从本质上理解通式的来龙去脉是形成错误概念的主要原因。当然，在访谈过程中，还是有 19.44%的学生对甲醛的特殊结构相当于有两个醛基记忆深刻，但也有 2.78%的学生错误认为它含有两个官能团，5.56%的学生提到了甲醛是唯一含氧气态衍生物，2.78%的学生提到了甲/乙醛的分子式以及甲醛是最简单的醛。

(2) 醛的物理性质部分的焦点主要集中在醛的溶解性。关于溶解性，16.67%的学生提到低级/简单(甲、乙、丙)醛和水互溶，易溶于有机溶剂，并且 13.89%的学生能够解释低级醛与高级醛溶解性不同的原因在于烷烃基和醛基的比例不同，11.11%的学生错误认为醛的物理性质溶于水，还有 2.78%的学生错误地认为醛是液态的，忽略了随着碳原子数的递增，醛的物理性质会呈现一定的规律，可能是因为在教学时以乙醛为例来介绍醛，学生形成了乙醛的性质就是醛的性质这一错误概念。关于色味态以及毒性，11.11%的学生提到乙醛的特殊气味，分别有 11.11%和8.33%的学生提到了甲醛和乙醛的状态和挥发性，8.33%的学生提到了甲醛有毒，5.56%的学生提到了甲醛是无色的。

(3) 醛的化学性质部分，大部分学生提到了醛的氧化性与还原性、氧化成酸的反应、还原成醇的反应、加成反应、银氨溶液反应以及与新制氢氧化铜反应。

关于还原性与氧化性，66.67%的学生提到了醛具有还原性，19.44%的学生提到了醛具有氧化性，但是仅有 5.56%的学生揭示了醛基的碳氧双键是不饱和键，所以醛具有还原性和氧化性，从数据可以看出，学生在这里没有出现错误概念，但是更多的关注还原性，这与教材中的编排设计有关，教材中介绍了 2 个表现还原性的实验，关于氧化性仅介绍了加成反应，且更多的是强调反应类型。关于氧化还原反应，在访谈中发现这两个知识点几乎是成对出现的，91.67%的学生正确描述了醛能被氧气氧化成酸，94.45%的学生回忆出醛能被氢气还原成醇，可见学生能够运用比较和对比的方式来组织知识，但是仅有 11.11%的学生以乙醛为例描述其氧化成酸的反应方程式，5.56%的学生能够从微观机理的角度说明醛被氧化成酸是醛基变成羧基，醛被还原成醇是醛基变成醇羟基；关于其他氧化还原反应，27.78%的学生正确回忆了醛能和酸性高锰酸钾反应，11.11%的学生描述了醛能使溴水褪色，仅有 5.56%的学生提到了醛在氧气中燃烧，生成二氧化碳和水，5.56%的学生提到了酸能还原成醛，2.78%的学生错误描述了乙醛和溴反应是溴取代甲基，说明对醛基碳氧双键的氧化性理解不到位。总体而言，学生在醛的氧化性、还原性概念上几乎没有出现错误概念。

关于加成反应，36.11%的学生提到了乙醛与氢气加成生成乙醇，16.67%的学生揭示了加成的机理是在碳氧双键上分别加氢变成羟基，但 2.78%的学生错误地认为醛和酸、卤素、卤化氢都能加成，2.78%的学生错误地认为醛与氢气加成是断裂碳氧键，是对加成机理的错误理解。

访谈过程中发现，学生对化学性质的错误概念主要集中在与银氨溶液的反应和与新制氢氧化铜的反应，因此单独列出来进行讨论。关于醛与银氨溶液反应，69.44%的学生表示醛能与银氨溶液发生反应，25.00%的学生以乙醛为例，正确描述了化学反应方程式和系数比以及反应条件为加热；19.44%的学生正确回忆了醛与银氨溶液反应生成羧酸铵盐、氨气、水和银单质；16.67%的学生提到了醛的特征反应，即醛与银氨溶液的反应称为银镜反应，还有 11.11%的学生提到了银镜反应要先配制银氨溶液，把氨水滴加到硝酸银溶液中至沉淀恰好消失；8.33%的学生提到了甲醛与银氨溶液反应的比例为 1∶4。在访谈过程中，52.78%的学生在描述醛与银氨溶液反应时都出现了错误概念，其中 22.22%的学生错误地认为反应的生成物是羧酸，忽略了反应条件是在碱性溶液中，羧酸会变成羧酸铵盐，而且并未指明生成物还有氨气、水和银单质，学生应该是从乙酸氧化的角度去分析乙酸经过反应会变成什么，未能考虑到银氨溶液反应后会生成氨气、银单质和水；19.44%的学生在描述生成物时仅提到了银沉淀和羧酸铵盐，忽略了水和氨气，学生应该是从特征反应的现象着手，对银沉淀这一特殊现象记忆深刻；8.33%的学生忽略了会生成银沉淀；还有 2.78%的学生错误地认为会生成氧化银。这部分内容错误率非常高，并且主要表现在反应产物的错误和遗漏上，究其原因可能是学生未能从本质上理解银镜反应，不清楚氢氧化二氨合银$[Ag(NH_3)_2OH]$配合物的结构，在反应中配体 NH_3 作为一个整体保持不变，2 个 $Ag(NH_3)_2OH$ 中的 2 个 OH^- 失去 2 个电子，形成 1 个氧原子和 1 个水，因此 H_2O 来自于 OH^-，这时醛基中的碳氢键断裂，接收形成的 1 个氧原子变为羧基，在碱性条件下又结合 1 个 NH_3 变成羧酸铵盐，因此会生成 3 个 NH_3，而 2 个 Ag^+ 得到 2 个电子又会变成 2 个银单质。如果学生明确了反应过程的来龙去脉，就能解释反应物及其比例的问题。

关于醛与新制氢氧化铜反应，52.78%的学生能说出醛能与新制氢氧化铜反应，38.89%的学生不仅能说出醛与新制氢氧化铜反应，还能描述出反应的现象是生成砖红色沉淀；另有 25.00%的学生以乙醛为例，正确描述了化学反应方程式和系数比；8.33%的学生从氧化性的角度出发，提到了"醛和新制氢氧化铜反应，醛氧化得到酸(酸钠)"，5.56%的学生提到了"1 个甲醛与 4 个氢氧化铜、2 个氢氧化钠反应，生成 2 个氧化亚铜砖红色沉淀、1 个碳酸钠、6 个水"。在访谈中，30.56%的学生在描述醛与新制氢氧化铜反应时都出现了错误概念，其中 13.89%的学生错误地认为 1mol 乙醛与新制氢氧化铜反应生成氧化亚铜的量是 2mol，8.33%的学生认为反应不会生成水，还有 8.33%的学生认为反应会生成黑色的氧化铜。

(4) 有关醛的应用有很多，包括甲醛的水溶液福尔马林用于杀菌防腐、工业合成、制镜、醛基的检验等。

在访谈中只有 27.78%的学生提到了福尔马林可用于杀菌防腐，16.67%的学生提到了缩合反应，16.67%的学生提到了银镜反应可以用来检验醛基或还原糖。可见，学生对于醛的应用部分知识有所欠缺，教师在教学过程中应注重将理论教学与生产生活实际联系起来，扩大学生的知识面。仍有 8.33%的学生存在误解，认为各种家具中都含有甲醛，其实一般装修材料如胶黏剂及油漆等化工产品会含有甲醛，而纯木家具几乎不含。这说明学生并没有分清楚在一般装修材料的工业合成过程中甲醛作为原料参与，所以产生以偏概全的观念。

综合以上分析发现，对于醛的这部分内容，学生学习的困难点在于醛的两大特征反应。它们属于醛与弱氧化剂的反应，出错较多，主要表现在反应产物的错误概念、遗漏和配平问题上。究其原因可能是学生未能从本质上理解反应，不清楚有机化学中氧化还原反应的机理和过程，不了解反应过程的来龙去脉，因此难以解释反应物的类别及其系数的问题。

四、教学策略

通过对学生"醛"的认知结构进行分析，可得到如下结论，据此提出以下建议。

(1) 学生认知结构在定量和定性方面存在差异性。成绩高的学生的认知结构在整体性、层次性和深度、广度都较其他学生完善，在认知结构的广度、丰富度、整合度、信息检索率方面都较高，错误描述少。

(2) 相关性分析表明，学生的纸笔测试成绩与认知结构的广度、丰富度显著相关($p < 0.01$)，与整合度、错误描述和信息检索率无相关性；与信息处理策略的描述($p < 0.05$)、比较和对比($p < 0.01$)、情景推理($p < 0.05$)相关，与定义和情景推理无相关性。在主题"醛"的学习中，学生认知结构的广度、丰富度与定义($p < 0.01$)，描述($p < 0.01$)和解释($p < 0.05$)显著相关，比较和对比、情景推理与 5 种认知结构变量无相关性，错误描述与 5 类信息处理策略也无相关性。这说明在学习醛的内容时，学优生认知结构的完善是建立在知识广度和丰富度大的基础之上，在构建和组织醛的知识时善于运用描述、比较和对比、情景推理三种信息处理策略。因此，学生在学习有机物醛时，尽量用描述、比较和对比、情景推理来组织知识，教师进行教学时可以通过对学生知识广度和知识网络的充分开发，建立完善的知识结构网络。

(3) 学生的学习困难点在于醛的两大特征反应。乙醛知识的重点在于分析醛基的结构特点得出其主要的化学性质。让学生分析乙醛的官能团结构特点，讨论醛基在发生化学反应时如何断键，并预测乙醛能发生的化学反应。通过乙醛的银镜反应实验，学生很容易想到并分析出醛基中 C—H 键极性较强，容易断裂。分析乙醛容易加入一个氧原子生成羧基，发生氧化反应的原因，掌握乙醛与银氨溶液的化学反应的本质。介绍除银氨溶液外常见的弱氧化剂新制氢氧化铜，并让学生通过探究实验观察实验现象，明确实验验证法的同时，模仿断键机理，推测书写乙醛和新制氢氧化铜的化学反应方程式。书写过程中学生遇到不小的困难，稍加点拨引导学生分析出实验成功的关键为碱性环境，过量的氢氧化钠也参与反应后，绝大部分学生已能顺利完成化学反应方程式的书写，突破难点。

第六节　乙　　酸

一、认知结构流程图

(一) 不同层次学生认知结构流程图

通过转录文本绘制 30 名学生的认知结构流程图。由于篇幅有限，只选择列出了学优生、中等生、学困生各一名学生代表的认知结构流程图，见图 9-16~图 9-18。

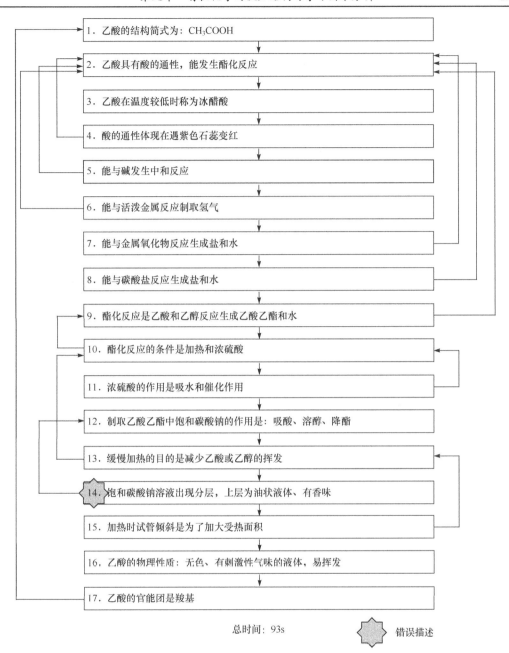

图 9-16　学优生的"乙酸"认知结构流程图

　　认知结构的整体性：学优生和中等生回忆的知识点数目较多，知识之间的网络联系比较丰富，知识的组织系统相对比较完善。学困生也具有自己的组织结构，但是相比前二者，认知结构的整体性有所降低，需要进一步完善和优化。可以直观地看出学优生明显优于中等生和学困生，但思维模式各有特色，体现思维模式的多样性。

　　认知结构的层次性：学优生的描述框架有三个层次，依次为乙酸的结构简式、化学性质、物理性质，化学性质分别具体解释酸的通性和酯化反应，先概述再详述，最后回忆乙酸的物理性质，思路清晰，条理清楚，层次分明。中等生先描述乙酸的物理性质、化学性

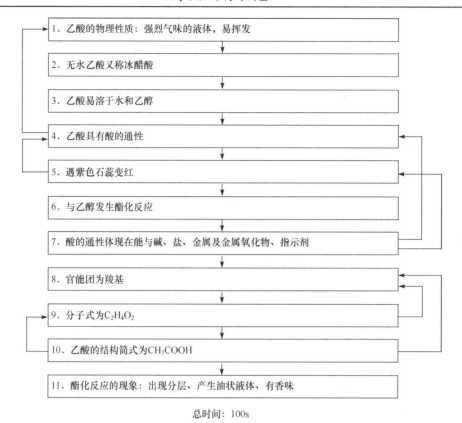

总时间：100s

图 9-17　中等生的"乙酸"认知结构流程图

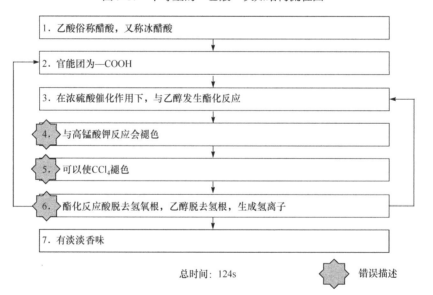

总时间：124s　　　　　　　　　　　　　错误描述

图 9-18　学困生的"乙酸"认知结构流程图

质、分子结构，层次比较鲜明；条理性方面稍有不足，在描述 4～描述 7、描述 11 中，乙酸的酸性与酯化反应相关知识点交替描述，认知结构的条理性稍有不足。学困生的流程图层次性和条理性都较差，明显可以看出知识是随意的堆放，乙酸内容的层次性和条理性有所不足。

　　认知结构的差异性：学优生认知结构涵盖的知识点较多，不仅涉及酯化反应的概念，还详细准确地讲述了酯化反应实验的相关知识点，虽然有些描述不准确和不全面；相比之下，中等生对酯化反应的有关描述只有两条；学困生有关酯化反应的描述只有描述 7 一条，实质是正确的，但表达是错误的，不同层次的学生对同一知识的学习结果有差异。明显学困生的知识面较狭窄，尤其是有关知识的细节和知识之间的联系往往有所缺失。学优生的认知结构相对比较完善，学困生的认知结构需要进一步完善和修正。教师可以根据认知结构的测查结果对每个学生采取针对性学习建议和教学帮助。

　　(二) 描述统计

　　对学生认知结构整体结果进行分析，三组学生认知结构变量的平均值见表 9-25。

表 9-25　三组学生关于"乙酸"的认知结构变量整体结果

认知结构变量	学优生	中等生	学困生
广度	17.32	11.26	7.08
丰富度	13.00	8.34	1.08
整合度	0.43	0.42	0.13
错误描述	2.00	0.07	4.00
信息检索率	0.13	0.11	0.06

　　由表 9-25 可以看出，学优生的认知结构明显优于中等生和学困生。学优生的节点数目最多，节点之间的联系也比较丰富；虽然中等生的节点数为 11，但整体性与学优生基本相同，主要由于中等生能将描述出来的知识之间进行有效联系，充分运用所描述的知识来解决问题，整体性较好。信息检索率，即单位时间内的节点数目，学困生的效率最低为 0.06，学困生在 124s 内总共描述了 7 条，其中还有 4 条是不准确描述，在测试过程中发现，这名学生不能连续描述，每个知识点的描述之间要停留很长时间，因为流程图运用最关键的部分是不能给测试者提供任何关于信息的提示，而是给测试者充足的时间去回忆，直到学生自己说确实想不起来，采访结束。在后置听力阶段，学困生听完自己的录音，对自己先前的描述没有进行任何修改和完善，也没有任何补充。以上分析表明学困生头脑中关于乙酸的认知结构水平低，知识结构混乱。当在一定环境刺激下，学困生的搜索信息就像在杂乱无章的书堆里找资料，困难重重，因此信息检索率较低。

二、相关性分析

　　(一) 认知结构变量与成绩的相关性分析

　　从表 9-26 可以看出，学生成绩与认知结构的丰富度显著相关($p<0.01$)，纸笔测试成绩越高的学生，其认知结构的丰富度越大。在其他测查方法中，认知结构的变量之间是没有意义相关的，然而流程图的变量略有不同，可以用不同的维度代表认知结构的各个方面。相关数据表明学生认知结构的广度与丰富度、整合度显著相关($p<0.01$，$p<0.05$)，并且认知结构的

丰富度与整合度、成绩显著相关($p<0.01$)，更有趣的是错误描述与信息检索率呈显著负相关($p<0.05$)，错误描述越多，信息检索率越低。

表 9-26　学生"乙酸"认知结构变量与纸笔测试成绩的相关性分析结果($N=30$)

	广度	丰富度	整合度	错误描述	信息检索率	成绩
广度		0.796**	0.462*	−0.074	0.189	0.359
丰富度			0.809**	−0.039	0.154	0.516**
整合度				−0.095	0.25	0.347
错误描述					−0.409*	−0.091
信息检索率						0.175
成绩						

*$p<0.05$；**$p<0.01$

这些相关数据的定量分析可以提供丰富多样的维度去评估学生的认知结构，作为除纸笔测试成绩以外学生评估成绩的一部分。教师可以用这些信息去评估学生知识结构的整体性、丰富性、关联和正确性。教师应多关注学生认知结构的结果。因为在学习过程中学生获得的知识能够形成良好的结构框架，以及知识之间形成的网络联系，是有意义学习发生和知识灵活应用的重要前提。

(二) 信息处理策略与认知结构变量的相关性分析

根据统计结果进行相关性分析，结果如表 9-27 所示。相关数据表明学生纸笔测试的成绩不仅与认知结构变量有密切的联系，与信息处理策略的水平也显著相关。成绩高的学生比成绩低的学生善于用情景推理和解释等策略来处理问题($p<0.01$)。这些看似没有相互关系的模型也可以代表学生知识结构中的认知推理水平，即成绩好的学生在信息处理策略上使用逻辑水平较高的策略。这些策略与学生认知结构变量也有一定的联系。由表 9-27 可以看出，认知结构的广度和丰富度与描述、情景推理、解释显著相关($p<0.01$)，说明头脑中认知结构的广度和丰富度是高中学生信息处理策略的基础。最高逻辑水平解释策略与学生认知结构的整合度显著相关($p<0.01$)，学习知识框架的整体性越好，解释能力就越强，解释能力也与学生成绩显著相关。

表 9-27　学生"乙酸"信息处理策略与认知结构变量的相关性分析结果($N=30$)

	定义	描述	比较和对比	情景推理	解释
广度	0.173	0.663**	0.283	0.470**	0.739**
丰富度	0.219	0.579**	0.235	0.557**	0.749**
整合度	0.106	0.276	0.208	0.361	0.567**
错误描述	0.232	0.036	−0.174	−0.026	0.069
信息检索率	−0.173	0.036	0.111	−0.101	0.259

**$p<0.01$

三、基于认知结构测量的学习困难分析

将学生对这部分知识的掌握情况及错误概念进行归类划分，见表9-28。

表9-28　关于"乙酸"学生回忆的主要概念

类别	种类	学生回忆的主要知识	人数	百分数/%
分子组成及结构	正确概念	乙酸的官能团是羧基	23	76.67
		乙酸的结构简式是 CH_3COOH	19	63.33
		乙酸的分子式是 $C_2H_4O_2$	17	56.67
		乙酸的性质是由其官能团(羧基)决定的	6	20.00
		乙酸是一种重要的烃的衍生物	1	3.33
	迷思概念	化学式或分子式为 CH_3COOH	5	16.67
		乙酸的官能团是—COOH，它是由 OH^- 与 H^+ 构成	5	16.67
		乙酸的结构简式是 $C_2H_4O_2$	1	3.33
物理性质	正确概念	乙醇是一种无色、有刺激性气味的液体	25	83.33
		俗称醋酸和冰醋酸	16	53.33
		乙酸易溶于乙醇和水	11	36.67
		冰醋酸是一种纯净物	8	26.67
	迷思概念	低温条件下的乙酸被称为冰醋酸	10	33.33
酸性	正确概念	乙酸能使紫色石蕊试剂变红色	21	70.00
		乙酸具有酸的通性	15	50.00
		乙酸与活性金属反应产生氢气	15	50.00
		乙酸与碱(氢氧化钠)发生的反应称为中和反应	14	46.67
		乙酸与金属氧化物发生反应生成盐和水	13	43.33
		乙酸与碳酸盐发生反应生成盐和水	13	43.33
		乙酸的酸性比硫酸、盐酸、硝酸弱，比碳酸强	5	16.67
		乙酸的酸性较强，它可以用来制造碳酸	2	6.67
酯化反应	正确概念	乙酸与乙醇发生酯化反应生成乙酸乙酯和水	29	96.67
		酯化反应的条件是加热和浓硫酸作反应的催化剂	13	43.33
		饱和碳酸钠溶液用来吸收乙酸乙酯产生过程中的酸，溶解乙醇并降低乙酸乙酯在水中的溶解度	12	40.00
		饱和碳酸钠溶液上存在无色的带有香味的油状液体	13	43.33
		酯化反应的本质是酸脱羟基醇脱氢	11	36.67
		浓硫酸的作用是吸收水和作催化剂	9	30.00

续表

类别	种类	学生回忆的主要知识	人数	百分数/%
酯化反应	正确概念	在实验中，为了防止液体回流，玻璃管不能插入液面以下	6	20.00
		酯化反应既是可逆反应又是取代反应	6	20.00
		缓慢加热的目的是减少乙酸和乙醇的挥发	5	16.67
		加热时倾斜试管是为了增加受热面积	5	16.67
		实验试剂的添加顺序是乙醇、浓硫酸和乙酸	4	13.33
	迷思概念	酯化反应仅涉及乙醇和乙酸的反应，产物是乙酸乙酯和水	4	13.33
		酯化反应的本质是乙醇脱去羟基，而羧酸脱去氢	2	6.67
		浓硫酸是用来收集乙酸乙酯的	1	3.33
		乙酸可以发生加成反应	1	3.33
		乙酸能使高锰酸钾和四氯化碳溶液褪色	1	3.33
应用	正确概念	俗称醋酸，醋的主要成分	16	53.33
		乙酸可以用作调味品	2	6.67

(1) 分子组成及结构：在有机化学中，分子组成及结构的知识主要包括分子式、化学式、结构式、结构简式和官能团。其教学目标是能够区分这些化学符号，以及用这些符号正确地表征有机物。从表 9-28 可以看出，大多数学生能够掌握乙酸的官能团、结构简式和分子式的知识，如学生认为乙酸的官能团是羧基(76.67%)，乙酸的结构简式是 CH_3COOH(63.33%)，乙酸的分子式是 $C_2H_4O_2$(56.67%)。但是，由于受到学习无机化学的思维模式的影响，一些学生会混淆分子式、化学式和结构简式，如认为化学式或分子式为 CH_3COOH(16.67%)，乙酸的结构简式是 $C_2H_4O_2$(3.33%)，甚至一些学生不能理解羧基的结构特征，错误地认为它是由 OH^- 与 H^+ 构成(16.67%)。

(2) 物理性质：物理性质主要包括颜色、状态、气味、挥发性、物质的溶解度和俗名。从表 9-29 可以看出，大多数学生能够掌握乙酸的物理性质，尤其是容易提及它的刺激性气味(83.33%)，这可能是因为乙酸与学生的日常生活联系紧密，学生经常接触乙酸并且熟悉它的气味。就乙酸的俗名而言，超过一半的学生认为乙酸的俗名是醋酸或冰醋酸(53.33%)，但是他们不理解冰醋酸的正确起源，错误地认为在低温条件下的乙酸被称为冰醋酸(33.33%)

(3) 酸性：基于学生已经学过的无机酸的通性，大部分学生能准确地说明乙酸的酸性。例如，学生认为乙酸能使紫色石蕊试剂变红色(70.00%)，由于通过实验现象能验证颜色的变化，因此学生能够清楚记住。近半数的学生认为乙酸与活性金属反应产生氢气(50.00%)，与碱发生中和反应(46.67%)，与碳酸盐、金属氧化物反应(43.33%)。然而，对于比较乙酸和一些无机酸的酸性，学生的理解水平相对较低。例如，少数学生提及乙酸的酸性比硫酸、盐酸、硝酸弱，比碳酸强(16.67%)，更少的学生提及乙酸的酸性较强，它可以用来制造碳酸(6.67%)。

(4) 酯化反应：酯化反应是乙酸学习过程中的关键点，教师在课堂上经常强调它的重要性。研究表明，绝大多数学生能提及乙酸与乙醇发生酯化反应生成乙酸乙酯和水(96.67%)，然而这些知识没有被详细掌握，仅有部分学生能够描述酯化反应的条件、本质和现象(43.33%)，极少数学生能提及浓硫酸的功能和实验的原则、注意事项。此外，还存在一些迷思概念，学生不能够有效地迁移所学的知识，误解了酯化反应的相关概念。例如，学生错误地认为酯化反应仅涉及乙醇和乙酸的反应，产物是乙酸乙酯和水(13.33%)，以及不能清楚地表达酯化反应的本质(6.67%)。

(5) 应用：学生关于乙酸应用的认知水平较低。超过一半的学生认为乙酸俗称醋酸，是醋的主要成分(53.33%)，极少数学生提及乙酸可以用作调味品(6.67%)。事实上，乙酸是一种重要的工业材料和化学试剂，它的应用不局限于用作调味品。教师应从更广的视角介绍乙酸的应用，从而扩展学生的知识。

综上所述，学生学习乙酸的困难主要体现在乙酸的分子组成及结构、酯化反应的相关内容。就乙酸的分子组成及结构而言，学生容易混淆化学式、分子式、结构式和结构简式，不理解羧基的结构特征；就酯化反应而言，学生不理解酯化反应的概念和本质。

四、教学策略

(一) 研究结论

采用流程图法对高一学生有关"乙酸"的认知结构进行了测查。研究结论主要如下：

基于 30 张流程图对个体特定领域认知结构进行分析发现，在相同的教学环境下，个体认知结构在定性和定量方面都存在差异。具体来说，学习成绩好的学生流程图信息比较丰富，学习成绩相对差的学生流程图信息量少。认知结构的相关性分析进一步表明，学生的学习成绩与知识的丰富度和灵活度呈正相关，这与蔡今中的研究结果不同。蔡今中在原子模式的研究中指出，学习成绩与认知结构的广度、丰富度、综合度和信息处理速率呈正相关。其原因可能是不同的学习主题有不同的学习模式，不同的学生有不同的认知特征。此外，不同的文化环境和教师不同的教学风格也可能影响学生的认知结构。

信息处理策略的相关性分析表明，学生的纸笔测试成绩与情景推理和解释的信息处理策略呈正相关，而情景推理和解释属于较高级别的信息处理策略。也就是说纸笔测试中成绩越高者，其在有关乙酸的访谈中会更偏向于使用情景推理和解释的信息处理策略。认知结构与信息处理策略的相关性分析进一步表明，学生使用较高级别的信息处理策略，需要良好的认知结构作为基础。

学生在学习乙酸时，主要的学习困难有两类：首先是乙酸的分子组成及结构，学生容易混淆化学式、分子式、结构式和结构简式，不理解羧基的结构特征。原因是有机物可以用多种方式进行表征，这与学生已有的无机化学的思维模式不同。此外，有机化学中有较多的官能团，学生容易混淆和产生迷思概念。然而，物质的结构特征是进一步学习的基础。其次，学生不理解酯化反应的概念和本质。主要是学生的知识迁移能力较弱，不能正确理解有机反应的本质。一些中学教师倾向于直接介绍酯化反应的记忆口诀(酸脱羟基醇脱氢)，忽视了官能团的替换和化学键的断裂，导致学生不理解其原理。众所周知，有机反应的本质是官能团直接的反应。

(二) 教学策略

　　流程图法能够直观地呈现出学生的认知结构，可以帮助研究者和教师了解学生头脑中的认知结构和错误概念。研究表明，学优生认知结构中可以同化新概念、原理的知识较多，从而掌握知识更容易，认知结构的广度、丰富度、信息检索率越高，错误描述越少，符合良好的认知结构的特点，认知结构相对完善。因此，建议教师重视基础概念的教学，基础概念的教学能够促进认知结构的完善，从而促进课堂教学和学生的有意义学习。

　　学生在学习有关"乙酸"知识时，更倾向于使用情景推理与描述的信息处理策略。因此，在该部分的教学中，教师可以多引导学生进行知识的推理，着重从逻辑推理上引导学生分析和解决问题，以严密的逻辑推理来提高学生的学习兴趣，引导学生学习，如概念转变方法，建构主义可视化思维导图和基于问题解决的学习方法。

　　从学习困难的角度上看，首先为了解决分子组成及结构的学习困难，教师应强调这些化学符号的特征，进而有助于学生区分和识别。此外，乙酸是学生比较熟悉的生活用品，又是典型的烃的衍生物，从这种衍生物的组成、结构和性质出发，让学生知道官能团对有机物性质的重要影响，建立"结构—性质—用途"的有机物学习模式。其次，酯化反应是学习的重点，教师应在课堂上不断强调和强化，将注意力集中在此内容的学习上。同时也应注重培养学生的学习迁移能力，这将促进学生对酯化反应本质的理解和有意义学习。

参 考 文 献

程昭. 2014. 学生氧化还原反应概念的认知发展研究. 武汉: 华中师范大学

邓遗根, 管亮, 李胜荣. 1993. 化学反应速度和化学平衡的教学. 教学与管理, 3: 32-33

丁锦红, 张钦, 郭春彦. 2010. 认知心理学. 北京: 中国人民大学出版社

方婷. 2008. "电化学"概念的认知发展研究. 上海: 华东师范大学

龚胜强. 2015. 基于学科观念建构的元素及化合物教学设计分析——以"铝及其化合物"的教学为例. 中学化学教学参考, (8): 21-22

何彩霞. 2012. 发展学生对有机物"结构决定性质"认识的教学研究——以《苯酚》教学为例. 教学仪器与实验, 5: 11-14

胡久华. 2010. 对化学2教科书中"物质结构 元素周期律"的分析研究. 化学教学, 32(7): 35-39

黄鸣春, 王磊, 宋晓敏, 等. 2013. 基于认识模型建构的"元素周期律·表"教学研究. 化学教育, 34(11): 12-18

黄娜. 2012. 教学内容编排顺序对学生认知结构的影响研究. 西安: 陕西师范大学

姜言霞, 王磊, 支瑶. 2012. 元素化合物知识的教学价值分析及教学策略研究. 课程·教材·教法, 9(9): 106-112

李啊琴. 2007. "原电池"学习中的错误概念及其转化教学初步研究. 上海: 华东师范大学

刘华. 2010. "铝及铝的化合物"教学设计. 化学教育, 31(S2): 121-125

刘蕾. 2005. 中学有机化学知识内容的分析及教学策略研究. 济南: 山东师范大学

卢师焕, 周青. 2016. 基于流程图法测查高中生化学认知结构——以"醛"为例. 化学教学, 38(3): 23-28

毛立雨. 2004. 优秀与新手数学教师认知结构的比较研究. 南京: 南京师范大学

戚宝华. 2003. 开展《元素周期律和元素周期表》研究性学习的实践与思考. 化学教学, 35(Z1): 41-44

唐楠楠. 2008. 高中化学概念学习策略研究——以"盐类水解"为例. 成都: 四川师范大学

王海富. 2013. "苯酚的酸性"教学中生成性问题的探究和思考. 中学化学教学参考, 5: 9-10

王萍. 2004. 中学化学教学中认知结构构建的研究. 济南: 山东师范大学

王晓捷. 2011. 高中生有机化学认知结构的测查与分析. 北京: 首都师范大学

魏钊, 林丹. 2009. 关于苯酚和碳酸钠反应的再探讨. 化学教学, 8: 46-47

谢巧兵. 2014. 高中"氧化还原反应"知识学习中错误成因及对策研究. 南京: 南京师范大学

邢丽娟. 2011. 化学教师学科认知结构发展水平现状研究——以"原子结构"为例. 西安: 陕西师范大学

严建波. 2013. 对探究苯酚与溴水反应类型实验的质疑与改进. 化学教学, 35(4): 62-63

严金花. 2015. 促进学生认识发展的高三有机化学复习的教学研究. 南京: 南京师范大学

杨成, 姜伟. 2012. 新课程理念下高中有机化学教学策略. 考试周刊, (76): 141-142

杨海丽, 付衣平. 2009. 乙醇与苯酚分了中羟基上氢原子活动性比较的实验探究. 化学教学, 31(9): 15-17

袁维新. 2002. 认知建构论. 徐州: 中国矿业大学出版社

张建阳, 周仕东. 2017. 基于科学思维学习进阶的高一元素化合物单元整体教学设计. 化学教育, 38(5): 5-9

张丽丽, 徐敏. 2015. 促进学生对"有机物分子内基团间相互作用"认识的教学研究——以"苯酚"教学为例. 化学教学, 6: 46-49

张旺喜. 2004. 汉语句法的认知结构研究. 上海: 上海师范大学

赵孟瑶. 2015. 有关"醛"的教学反思. 新课程导学, 8: 32

赵欣, 吴星, 吴频庆, 等. 2014. 高中生电化学相关概念表征情况的调查研究. 化学教育, 35(3): 57-59

郑晓英. 2009. 高一化学氧化还原反应概念教学的研究. 北京: 首都师范大学

Dhindsa H S, Anderson O R. 2004. Using a conceptual-change approach to help preservice science teachers reorganize their knowledge structures for constructivist teaching. Journal of Science Teacher Education, 15: 63-85

Dhindsa H S, Makarimi K, Anderson O R. 2011. Constructivist-visual mind map teaching approach and the quality of students'cognitive structures. Journal of Science Education & Technology, 20(2): 186-200

Gurses A, Dogar C, Geyik E. 2015. Teaching of the concept of enthalpy using problem based learning approach. Procedia - Social and Behavioral Sciences, 197: 2390-2394

Tsai C C. 2001. Probing students'cognitive structures in science: the use of a flow map method coupled with a meta-listening technique. Studies in Educational Evaluation, 27(3): 257-268